U0915808

高等学校电工电子基础实验系列教材

信号与系统实验教程

孙国霞　刘成云　主编

山东大学出版社

《高等学校电工电子基础实验系列教材》编委会

前　言

“信号与系统”是电子类专业一门重要的、难度较大的专业基础课。该课程的基本概念和分析方法广泛应用于电子、通信、电气、自动控制、计算机技术、生物医学工程等各种不同的学科和领域中，是新世纪IT人才必须掌握的基础知识，是培养学生理性思维素养、逻辑思辨能力，开发学生潜在能动性和创造力的基础；同时在教学环节上起着承上启下的重要作用。因此，在学习本课程时，开设必要的实验，使抽象的概念和理论形象化、具体化，对增强学习的兴趣有极大的好处；无论是对学生加深理解深入掌握基本理论和分析方法，培养学生分析问题和解决问题的能力，还是今后专业课的学习，以及对毕业后从事专业工作的能力培养，都具有重要的意义。

MATLAB是MATrix LABoratory的缩写，是一款由美国The MathWorks公司出品的商业数学软件。MATLAB是一种用于算法开发、数据可视化、数据分析以及数值计算的高级技术计算语言和交互式环境。MATLAB系统由开发环境、MATLAB语言、数学函数库、图形处理系统和应用程序接口(API)五大部分组成。MATLAB语言是一种交互性的数学脚本语言，其丰富而强大的功能为信号与系统的分析，包括连续域和离散域的分析提供了多种多样的途径；可以帮助学生细致而深刻地理解信号与系统，快速而有效地解决问题，使得枯燥的理论知识学习变得具体而生动，并逐渐成为一种重要的教学辅助工具，为国外相关专业各知名大学(如麻省理工学院、哈佛大学、斯坦福大学等)普遍采用。

顺应现代电子信息的迅速发展和模式的转变，实验教学不仅是理论教学的辅助和补充，而且还是理论教学的延伸和创新素质培养的重要环节。为了更好地研究“信号与系统”课程并做好该课程实验，本实验教程包括MATLAB软件仿真实验和硬件实验两个部分，还增加了可供选择的拓展性数字信号处理部分实验(带*的实验)，通过把学生在课堂上学到的分散的理论知识系统化、整体化，在实验教学领域实现从以学科为中心到系统理论、工程意识、工程应用为中心的教学模式的转变；教程还增设了工程背景的实验案例和一些初步的系统设计，充分发挥学生对相关领域的创新认识，进一步培养和挖掘学生自主学习的能力和兴趣，从而创建一个传授系统性知识、培养一定研究能力和创新性思维的一个新的、独立的实验性课程体系。

编　者

2014 年 11 月

目 录

MATLAB 软件仿真实验部分

硬件实验部分

附 录

MATLAB软件仿真实验部分

实验规程和基本要求

一、实验预习

学生应对本课程所有的实验进行预习，具体要求是：

(1)了解实验的基本内容和原理。

(2)根据需要拟定实验方案，初步编制好实验的程序，完成设计文档；其中应包括所依据的原理、实验步骤与方法、程序功能的陈述与解释、时间记录日志；对于设计性或综合性实验，应该绘制实验流程图；对于创新性实验，应注明其创新点及特色。

经验证明：做好实验预习对保证实验效果、提高实验效率有着极其重要的作用，能够起到事半功倍的效果。因此，应引起充分重视，教师应进行预习的布置，提出具体要求，并应在实验开始前进行检查(可抽查)，没有预习的学生不具备参加实验的资格。

二、实验准备

在进行实验操作之前，还应做好以下准备工作：

(1)了解实验室的规章制度，特别是第一次做实验，应认真听取老师讲解实验室的制度和操作规程、安全规则。

(2)了解实验室的布置，如实验桌上电源、仪表的种类以及它们的布置，电源开关的位置等。

(3)检查核对实验室提供的实验设备是否齐全、符合要求。

三、实验操作与记录

(1)编译、测试程序，修复所有的缺陷，填写时间记录日志。

(2)做好实验记录，包括实验数据、实验现象，以及在实验中出现的问题和处理的方法步骤。这是培养科学的工作作风、严格认真的工作态度以及实验能力的很重要的一个方面。

(3)对于设计性、综合性或创新性实验，在实验操作过程中，应注意与同学的合作，做到合理分工、相互协助，这有助于提高实验质量和效率，并培养团队合作的精神。

四、实验结束工作

完成实验的内容后，应做好以下工作：

(1)自己首先应进行检查，检查实验的内容、记录是否完整、合理、正确，有无遗漏。

(2)然后由指导教师检查，在取得老师的认可后才能结束实验。

(3)整理实验设备，做好清洁，并经签字交接后才能离开实验室。这些都是作为一个工程技术人员必须具备的基本素质，不要轻视，应逐步培养。

五、实验报告

完成实验后，应及时整理实验记录，撰写实验报告，实验报告的具体内容可按照各个实验的要求，基本的格式和内容是：

(1)专业：　　　　班级：　　　　学号：　　　　姓名：

(2)实验题目和实验原理：对本实验涉及的基础理论、工作原理可进行简单的、概括性的叙述。

(3)实验内容和步骤：包括对实验过程、数据、现象、发生问题和解决方法的记录。

(4)实验源程序与结果，具体内容如下：

①源程序应包括程序功能的陈述与解释。

②对于设计性或综合性实验，应包括实验流程图；对于创新性实验，应注明自己的创新点及特色。

(5)对实验结果的分析和问题讨论，包括以下内容：

①对实验结果(数据、现象)的分析。

②对实验中发生问题、处理方法的分析，缺陷数据、程序代码复查进行总结。

③回答问题(如老师提出的问题解答)时应注意结合所学的基础理论知识，将在实验中获得的感性认识进行理论上的分析探讨，以求上升到理性认识的高度。

④对本次实验的总体认识、体会、思考、意见和建议等。

写好实验报告，不仅是保证实验教学效果的基本要求，而且对于今后在工作中提高整理技术资料、总结工作经验、撰写科研论文的能力很有帮助。在撰写实验报告时，应做到内容完整、书写工整、文字和作图规范。还应遵循严肃认真、实事求是的科学态度，如有引用的理论依据、计算公式或一些系数的选取等，应注明出处。如果是来自实验的结果或本人的见解，也应予以注明。

实验 1　信号在 MATLAB 中的表示

一、实验目的

(1)掌握运用 MATLAB 表示常用连续和离散时间信号的方法。

(2)观察并熟悉这些信号的波形和特性。

二、实验设备

(1)计算机。

(2)MATLAB 软件。

三、实验内容

1. 连续时间信号的 MATLAB 表示

信号是消息的表现形式与运送载体。自变量在整个连续区间内都有定义的信号,称为连续时间信号,简称连续信号。例如我们所熟悉的温度、湿度、压力以及声音等信号均为连续信号。从严格意义上讲,MATLAB 数值计算的方法并不能处理连续信号。然而,可利用连续信号在等时间间隔点的取样值来近似表示连续信号,即当取样时间间隔足够小时,这些离散样值能够被 MATLAB 处理,并且能较好地近似表示连续信号。

MATLAB 软件可以很方便地表示各种典型信号,从现在开始,我们将从信号的表示和波形的绘制入手来学习使用 MATLAB。通过对 MATLAB 的接触,初步感受到它的快捷和方便,同时也为后面使用 MATLAB 进一步分析信号作好准备。

(1)指数信号

指数信号的基本形式为 $f(t)=Ae^{at}$。在 MATLAB 中可用 exp 函数表示,其语句格式为

$$ft=A*\exp(a*t)$$

例 1-1　用 MATLAB 命令产生单边指数衰减信号 $f(t)=2e^{-1.5t}u(t)$,并绘出 $0\leqslant t\leqslant 3$ 的波形图。

解：MATLAB 源程序为

```
A=2;
a=-1.5;
t=0:0.01:3;
ft=A*exp(a*t);
plot(t,ft), grid on
axis([0,3,0,3])
title('单边指数衰减信号')
```

运行结果如图 1-1 所示。

(2)正弦信号

正弦信号的基本形式为 $f(t)=A\cos(\omega t+\varphi)$ 或 $f(t)=A\sin(\omega t+\varphi)$，分别用 MATLAB 的内部函数 cos 和 sin 表示，其语句格式为：

$$ft=A*\cos(w*t+phi)$$
$$ft=A*\sin(w*t+phi)$$

例 1-2　用 MATLAB 产生正弦信号 $f(t)=2\sin(2\pi t+\frac{\pi t}{4})$，并绘出 $0\leqslant t\leqslant 3$ 的波形图。

解：MATLAB 源程序为

```
A=2;
w=2*pi;
phi=pi/4;
t=0:0.01:3;
ft=A*sin(w*t+phi);
plot(t, ft), grid on
axis([0, 3, -3, 3])
title('正弦信号')
```

运行结果如图 1-2 所示。

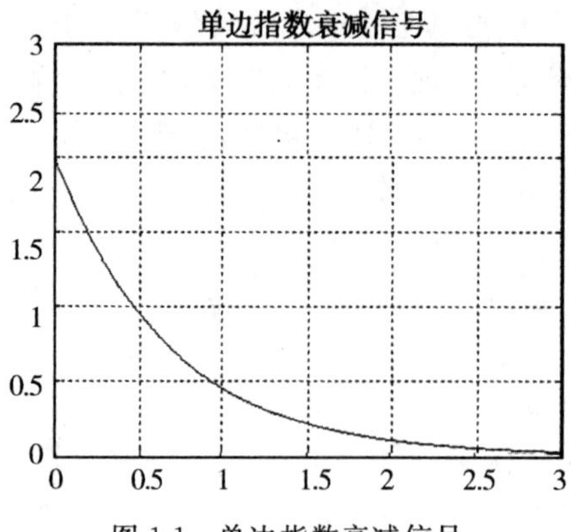

图 1-1　单边指数衰减信号

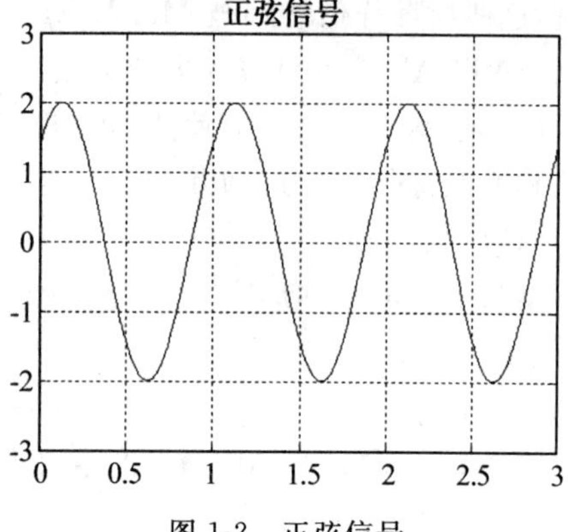

图 1-2　正弦信号

如全波整流波形产生的 MATLAB 源程序为

```
t=0:pi/16:4*pi;
x=sin(t);
plot(t,abs(x));
axis([0 4*pi 0 1])
```

(3)抽样函数

抽样信号的基本形式为 $Sa(t)=\frac{\sin(t)}{t}$,在 MATLAB 中可以用 $\mathrm{sin}c(t)$ 函数表示,其定义为

$$\mathrm{sin}c(t)=\frac{\sin(\pi t)}{(\pi t)}$$

其调用形式为

$$ft=\mathrm{sin}c(t)$$

例 1-3 用 MATLAB 产生抽样信号 $Sa(t)$,并绘出时间为 $-6\pi\leqslant t\leqslant 6\pi$ 的波形图。

解:MATLAB 源程序为

```
t=-6*pi:pi/100:6*pi;
ft=sinc(t/pi);
plot(t, ft), grid on
axis([-20, 20, -0.5, 1.2])
title('抽样信号')
```

运行结果如图 1-3 所示。

(4)矩形脉冲信号

矩形脉冲信号在 MATLAB 中用 rectpuls 函数表示,其调用形式为

$$ft=rectpuls(t,width)$$

用以产生一个幅值为 1,宽度为 width,且相对于 $t=0$ 点左右对称的矩形波信号。

例 1-4 用 MATLAB 画出以 $t=2$ 为对称中心的矩形脉冲信号的波形图。

解:MATLAB 源程序为

```
t=0:0.001:4;
ft=rectpuls(t-2,2);
plot(t, ft), grid on
axis([0, 4, -0.5, 1.5])
title('矩形脉冲信号')
```

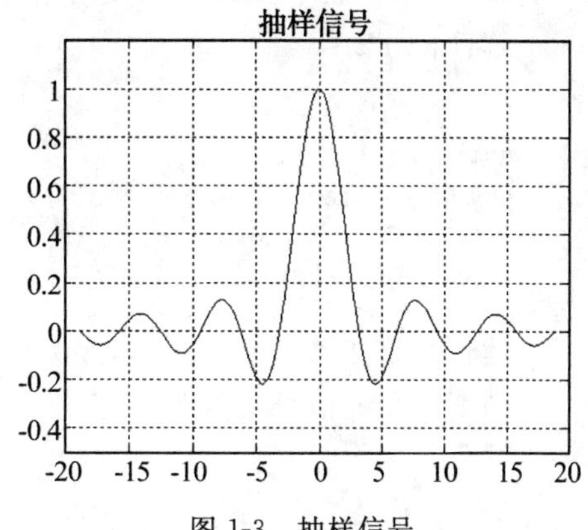

图 1-3 抽样信号

运行结果如图 1-4 所示。

周期性矩形波信号或方波信号在 MATLAB 中可用 square 函数产生，其调用格式为

$$ft=square(t,\mathrm{DUTY})$$

该函数用于产生一个周期为 2π 幅值为 ±1 的周期性方波信号，其中，DUTY 参数用来表示信号的占空比 DUTY%，即在一个周期内脉冲宽度（正值部分）与脉冲周期的比值。占空比默认为 0.5。

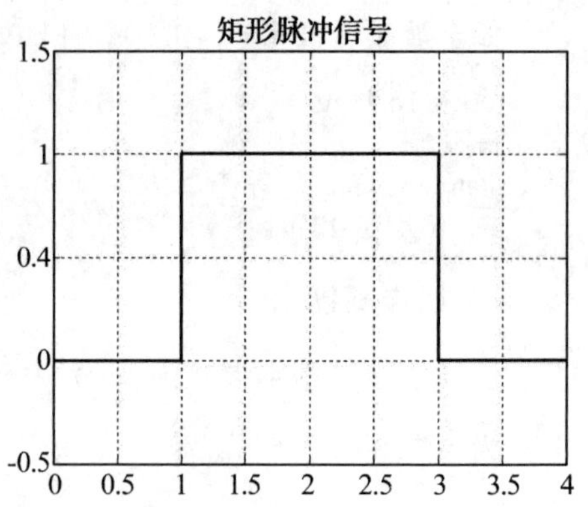

图 1-4　矩形脉冲信号

例 1-5　用 MATLAB 产生频率为 10Hz、占空比为 30% 的周期方波信号。

解：MATLAB 源程序为

```
t=0:0.001:0.3;
ft=square(2*pi*10*t,30);
plot(t, ft),grid on
axis([0,0.3,-1.2,1.2])
title('周期方波信号')
```

运行结果如图 1-5 所示。

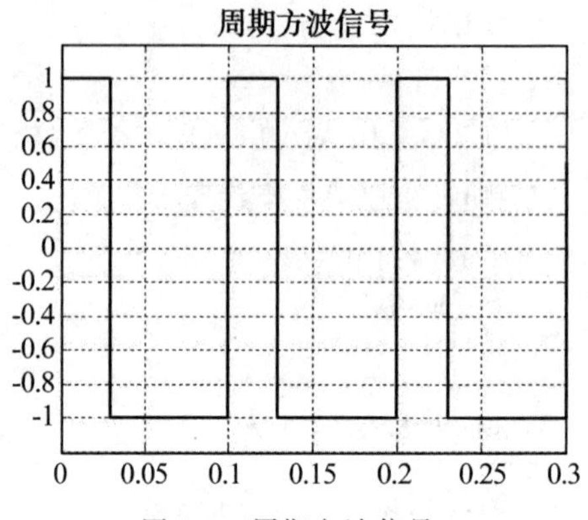

图 1-5　周期方波信号

（5）三角脉冲信号

非周期型三角脉冲信号在 MATLAB 中用 tripuls 函数产生，其调用形式为

$$ft=tripuls(t,width,skew)$$

用以产生一个幅值为 1，宽度为 width，且相对于 $t=0$ 点左右各展开 width/2 大小、斜度为 skew 的三角波。

例 1-6　用 MATLAB 产生幅度为 1、宽度为 4、斜率为 -0.5 的非周期三角波信号的波形图。

解：MATLAB 源程序为

```
t=-3:0.001:3;
ft=tripuls(t,4,-0.5);
plot(t, ft), grid on
axis([-3, 3, -0.5, 1.5])
title('三角波脉冲信号')
```

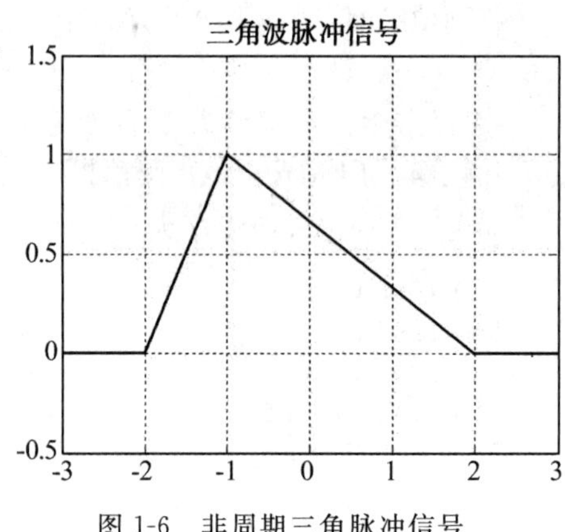

图 1-6　非周期三角脉冲信号

运行结果如图 1-6 所示。

周期三角波信号或锯齿波信号在 MATLAB 中可用 sawtooth 函数产生，其调用格式为

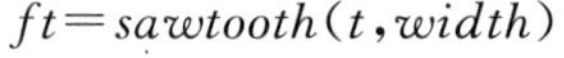

$$ft=sawtooth(t,width)$$

该函数用于产生一个周期为 2π 峰值为 ±1 的周期性三角波信号或锯齿波，其中，width 为 0、1 之间的标量，指定一个周期内最大值出现的位置，width 是位置横坐标与周期的比值。

例 1-7 用 MATLAB 产生峰值为±1、周期为 2 的周期三角波信号波形图。

解：MATLAB 源程序为

```
t=-6:0.001:6;
ft=sawtooth(pi*t,0.5);
plot(t,ft),grid on
axis([-6,6,-1.2,1.2])
title('周期三角波信号')
```

运行结果如图 1-7 所示。

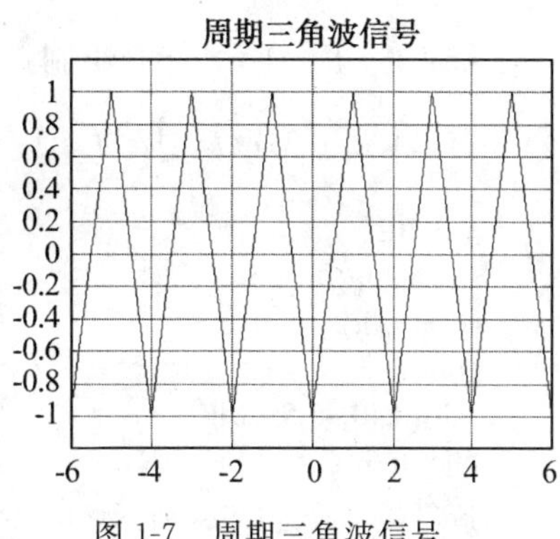

图 1-7 周期三角波信号

2. 离散时间信号的 MATLAB 表示

如果仅在一些离散的瞬间具有定义的信号，则称之为离散时间信号，简称离散信号或序列。如 DNA 序列、人口统计数据、股票日收盘指数、股票日成交量等均为离散信号。离散序列通常用 $x(n)$ 或 $f(n)$ 表示，自变量必须是整数。对于任意离散序列 $x(n)$，需要两个向量来表示：一个表示 n 的取值范围，另一个表示序列的值。类似于连续时间信号，离散时间信号也有一些典型的序列。

在用 MATLAB 绘制离散序列的图形时，需要学习用交互式方法输入经常变动的数据，并学习用线型图绘制函数 stem 绘制离散序列图形。

(1)单位样值序列与单位阶跃序列

在 MATLAB 中，单位样值序列 $\delta(n)$ 可以利用 *zeros*() 函数实现；单位阶跃序列 $u(n)$ 可以利用 *ones*() 函数实现。

(2)指数序列

离散指数序列的一般形式为 a^n，可以用 MATLAB 中的数组幂运算 $a.\hat{}\,n$ 来实现。

例 1-8 用 MATLAB 命令画出指数序列 $x(n)=(-0.6)^n$ 的波形图。

解：MATLAB 源程序为

```
n=0:10;
a=-0.6;
xn=a.^n;
stem(n,xn);
grid on
axis([0,10,-1,1])
title('指数序列')
```

运行结果如图 1-8 所示。

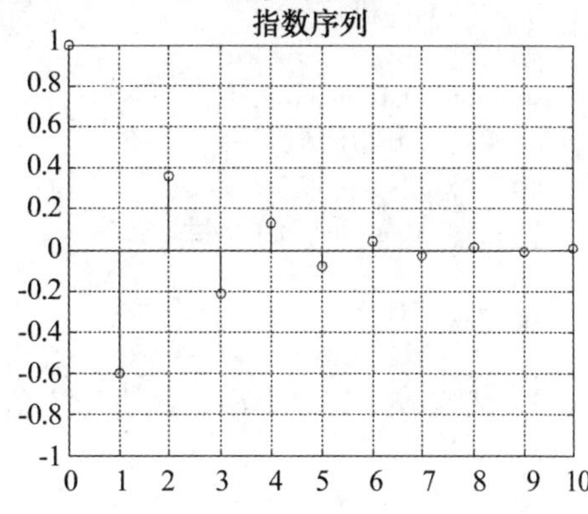

图 1-8 指数序列

(3)正弦序列

正弦序列定义为： $x(n)=\sin(nw+\varphi)$

例 1-9　用 MATLAB 绘制正弦序列 $x(n)=\sin(\frac{n\pi}{6})$ 的波形图。

解：MATLAB 源程序为

```
n=1:40;
xn=sin(pi/6*n);
stem(n,xn);
grid on
axis([0,40,-1.5,1.5])
title('正弦序列')
```

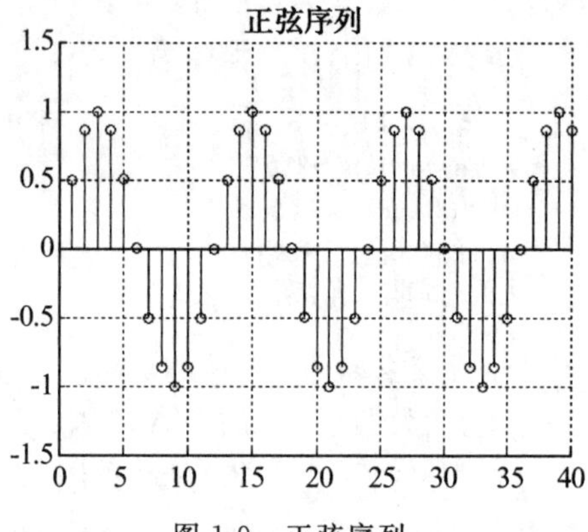

图 1-9　正弦序列

运行结果如图 1-9 所示。

(4)随机信号的波形及分布

本实验产生 2 个随机信号，均匀分布和高斯分布的信号，并观察他们的波形和分布，MATLAB 命令如下：

```
n=200;
xn1=rand(1,n);
xn2=randn(1,n);
subplot(2,2,1),stem(xn1);
xlabel('n');ylabel('x(n)');
title('均匀分布随机信号');
grid
subplot(2,2,2);hist(xn1,10);
title('均匀分布的概率密度')
grid
subplot(2,2,3),stem(xn2);
xlabel('n');ylabel('x(n)');
title('高斯随机信号');
grid
subplot(2,2,4),hist(xn2,10);
title('高斯分布的概率密度')
grid
```

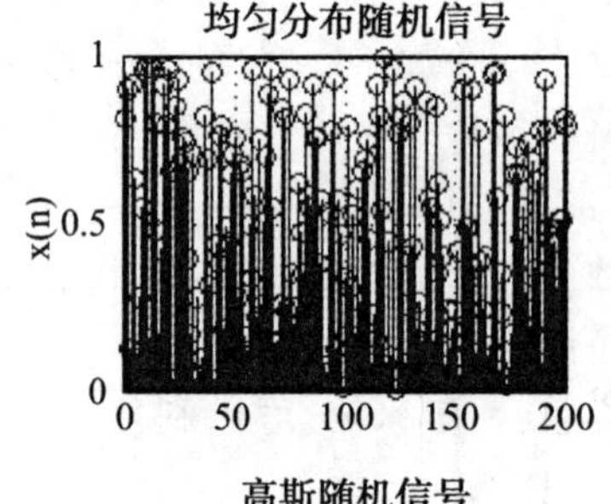

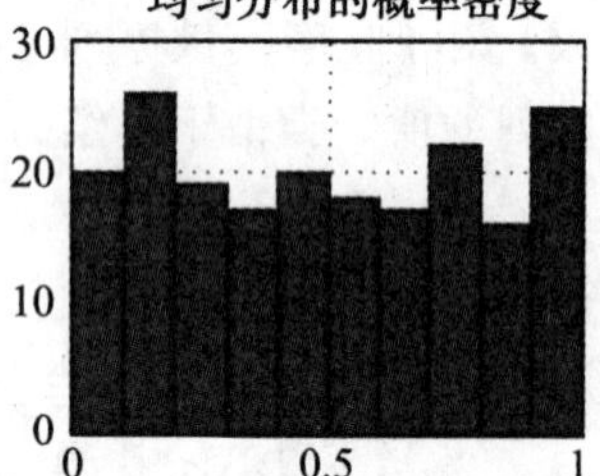

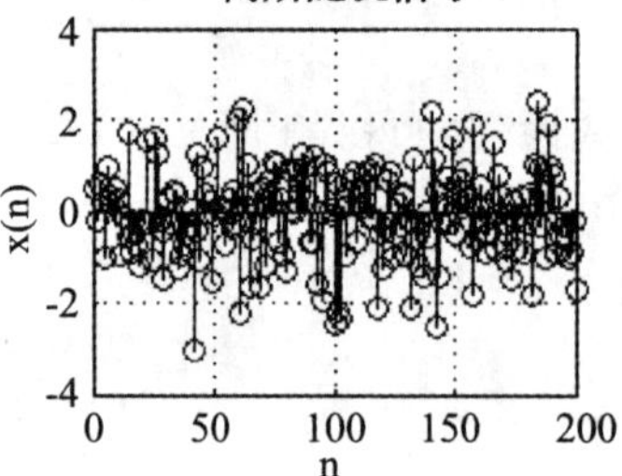

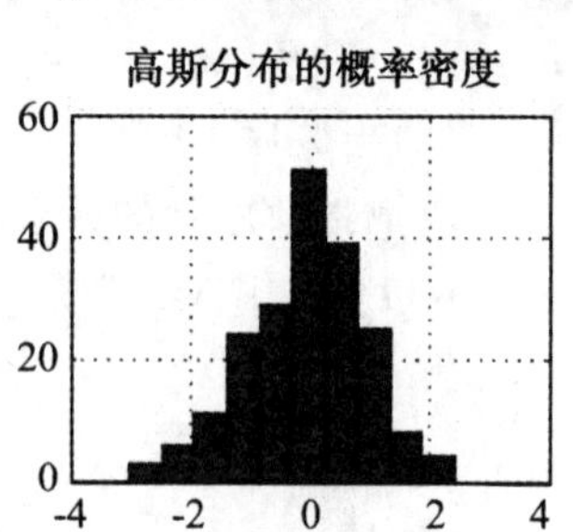

图 1-10　均匀分布和高斯分布的随机信号的波形及其分布

运行结果如图 1-10 所示。

练习一

1. 试用 MATLAB 命令画出下列信号的波形图。

(1) $y_1(t)=e^{-2|t|}$　　(2) $y_2(n)=(0.9)^n$　$(-10\leqslant n\leqslant 10)$

(3) $y_3(n)=e^{i\pi\frac{n}{3}}$　$(-10\leqslant n\leqslant 10)$　的实部

2. 试用 MATLAB 命令，自行完成教材中的同类型习题。

实验 2　信号运算的 MATLAB 实现

一、实验目的

(1)学会运用 MATLAB 进行信号时移、反折和尺度变换。
(2)学会运用 MATLAB 进行连续信号微分、积分运算。
(3)学会运用 MATLAB 进行连续信号相加、相乘运算。
(4)学会运用 MATLAB 进行连续信号的奇偶分解。

二、实验设备

(1)计算机。
(2)MATLAB 软件。

三、实验内容

在本课程的学习中,经常遇到与信号运算有关的问题,通过信号运算,可以由基本信号生成各种复杂信号,因此要求熟练掌握信号的基本运算。

1. 信号的时移、反折和尺度变换

信号的时移、反折和尺度变换是针对自变量时间的运算,其数学表达式与波形变化之间存在一定的变化规律。

信号 $f(t)$的时移就是将信号数学表达式中的自变量 t 用 $t\pm t_0$ 替换,其中 t_0 为正实数。因此,波形的时移变换是将原来的 $f(t)$波形在时间轴上向左或向右移动,$f(t+t_0)$为波形向左移动 t_0,$f(t-t_0)$为 $f(t)$波形向右移动 t_0。信号 $f(t)$的反折就是将表达式中的自变量 t 用 $-t$ 替换。波形变换后,$f(-t)$的波形是原来的 $f(t)$相对于纵轴的镜像。信号 $f(t)$的尺度变换就是将表达式中的自变量 t 用 at 替换,其中 a 为正实数。对应于波形的变换,则是将原来的 $f(t)$波形以原点为基准压缩($a>1$)至原来的$\frac{1}{a}$,或者扩展($0<a<1$)至原来的$\frac{1}{a}$。

在 MATLAB 的符号运算中,只要事先定义参加运算的信号为符号变量,它们就可以直接利用基本运算符进行计算。

例 2-1 已知信号 $f(t)$ 是幅度为 1、宽度为 4、斜率为－0.5 的非周期三角波信号，试用 MATLAB 命令画出 $f(t-2)$、$f(-t)$和 $f(3t)$ 的波形图，以观察时移、反折和尺度变换后的信号图像。

解：连续信号 $f(t)$ 进行变换的 MATLAB 源程序如下：

```
t=-4:0.001:4;
ft=tripuls(t,4,-0.5);
subplot(2,2,1),plot(t, ft), grid on
axis([-4,4, -0.5,1.5])
title('f(t)')
ft1=tripuls(t-2,4,-0.5);
subplot(2,2,2),plot(t, ft1), grid on
axis([-4, 4, -0.5, 1.5])
title('f(t-2)')
ft2=tripuls(-t,4,-0.5);
subplot(2,2,3),plot(t, ft2), grid on
axis([-4, 4, -0.5, 1.5])
title('f(-t)')
ft3=tripuls(3*t,4,-0.5);
subplot(2,2,4),plot(t, ft3), grid on
axis([-4, 4, -0.5, 1.5])
title('f(3t)')
```

运行结果如图 2-1 所示。

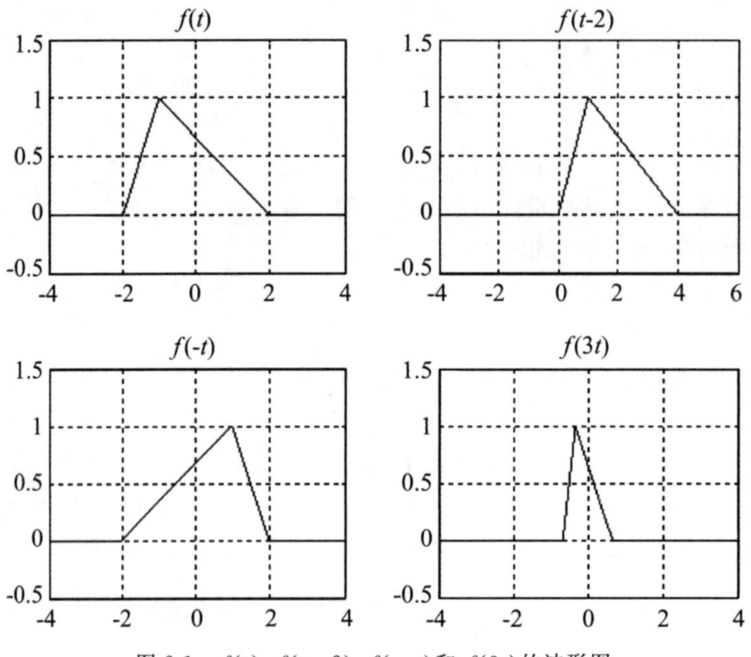

图 2-1 $f(t)$、$f(t-2)$、$f(-t)$和 $f(3t)$的波形图

例 2-2 已知离散信号 $f(n)=n,(0\leqslant n\leqslant 6)$，试用 MATLAB 命令画出 $f(-n)$、$f(3n)$的波形图，以观察反折、尺度变换后的序列图像。

解：对离散信号 $f(n)$ 进行变换的 MATLAB 源程序如下：

```
x=0:6;
n=0:1:6;
subplot(311),stem(n,x);
title('原信号');xlabel('f(n)');
x2=fliplr(x);
subplot(312),stem(n,x2);
title('信号反折');xlabel('f(-n)');
n=0:1:floor(length(x)/3)
x3=3.*n;
subplot(313),stem(n,x3);
title('尺度变换');xlabel('f(3n)');
```

运行结果如图 2-2 所示。

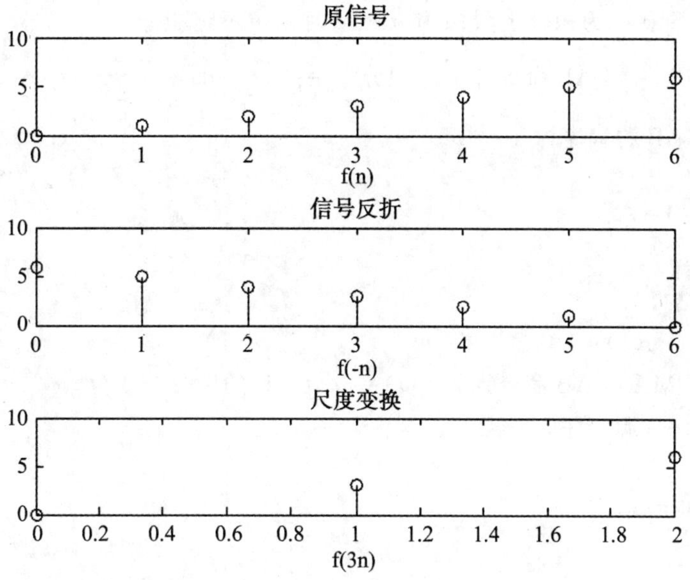

图 2-2 序列 $f(n)$ 的反折和尺度变换

2. 连续时间信号的微分运算

对于连续时间信号，其微分运算如果用符号表达式来表示，则用 diff 命令函数可完成求导运算，其语句格式为

$$diff(function,'var',n)$$

其中，function 表示需要进行求导运算的函数，或者被赋值的符号表达式；*var* 为求导运算的独立变量；*n* 为求导阶数，默认值为求一阶导数。

例 2-3 用 MATLAB 命令求下列函数关于变量 x 的一阶导数。

(1) $y_1=\sin(ax^2)$　　(2) $y_2=x\sin x\log x$

解:MATLAB 源程序为

```
syms a x y1 y2;
y1=sin(a*x^2);
y2=x*sin(x)*log(x);
dy1=diff(y1,'x')
dy2=diff(y2,'x')
```

程序运行结果为

```
dy1= 2*a*x*cos(a*x^2)
dy2=sin(x)*log(x)+x*cos(x)*log(x)+sin(x)
```

3. 连续时间信号的积分运算

对于连续时间信号,其积分运算如果用符号表达式来表示,则用 int 命令函数可完成积分运算,其语句格式为

$$int(function,'var',a,b)$$

其中,function 表示需要进行积分运算的函数,或者被赋值的符号表达式;*var* 为积分变量;*a* 为积分下限,*b* 为积分上限;*a* 和 *b* 默认时则求不定积分。

例 2-4 用 MATLAB 命令计算定积分 $\int_0^1 \frac{xe^x}{(1+x)^2}dx$ 。

解:MATLAB 源程序为

```
syms x y
y=(x*exp(x))/(1+x)^2;
int(y,0,1)
```

程序运行结果为

```
ans=1/2*exp(1)-1
```

例 2-5 用 MATLAB 命令计算 $y(t)=3u(t-1)$的微分与积分。

解:MATLAB 源程序为

```
syms t;
y=3*heaviside(t-1);
dy=diff(y)
f=int(dy)
```

程序运行结果 dy= f=

```
3*dirac(t-1)   3*heaviside(t-1)
```

4. 连续时间信号的相加与相乘运算

信号的相加与相乘是指在同一时刻信号取值的相加与相乘。

例 2-6 已知 $f_1(t)=\sin\Omega t, f_2(t)=\sin 8\Omega t$ 试用 MATLAB 命令绘出 $f_1(t)+f_2(t)$和 $f_1(t)f_2(t)$的波形图,其中 $f=\frac{\Omega}{2\pi}=1\text{Hz}$。

解:MATLAB 源程序为

```
f=1;
t=0:0.01:3/f;
f1=sin(2*pi*f*t);
f2=sin(2*pi*8*f*t);
subplot(211),plot(t,f1+f2),grid on, title('f1+f2');
subplot(212),plot(t,f1.*f2),grid on, title('f1*f2');
```

$f_1(t)+f_2(t)$和 $f_1(t)f_2(t)$的波形图如图 2-3 所示。

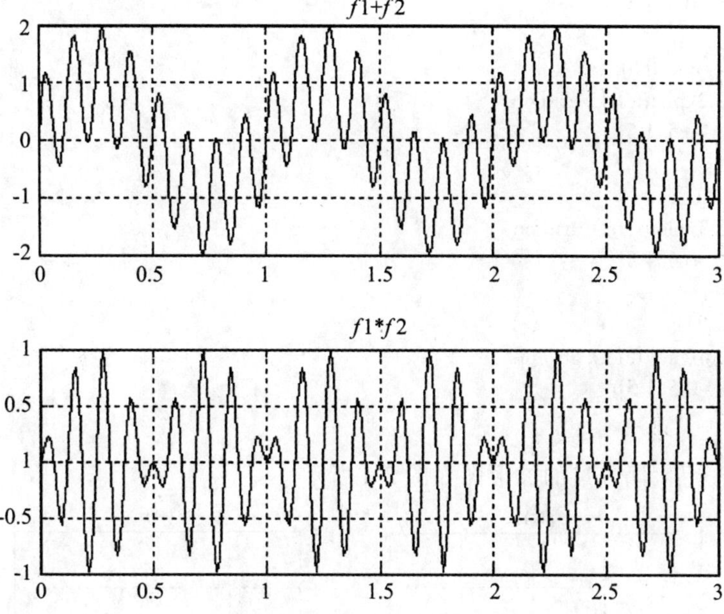

图 2-3 信号相加和相乘后的波形

注意:在 MATLAB 中,序列的相加和相乘运算需表示成向量的相加和相乘,因此要求参加运算的序列一定要具有相同的长度。对于不同长度的两个序列不能直接进行运算,必须先通过补零的方法使各序列具有相同的长度。

5. 连续时间信号的奇偶分解

如果一个信号对所有的自变量满足

$$f(-t)=f(t)$$

则称该信号为偶信号,通常用 $f_e(t)$表示,偶信号的波形图关于纵坐标轴镜像对称分布。如果一个信号对所有的自变量满足

$$f(-t)=-f(t)$$

则称该信号为奇信号,通常用 $f_o(t)$表示,奇信号波形图关于坐标原点反对称分布。

任何一个连续信号都可以分解为一个偶对称分量与一个奇对称分量的和的形式,即

$$f(t)=f_e(t)+f_o(t)$$

其中

偶分量: $$f_e(t)=\frac{1}{2}[f(t)+f(-t)]$$

奇分量：$$f_o(t)=\frac{1}{2}[f(t)-f(-t)]$$

例 2-7 已知信号 $f(t)$是幅度为 1、宽度为 4、斜率为－0.5 的非周期三角波信号，试用 MATLAB 命令画出 $f(t)$奇对称分量和偶对称分量的波形图。

解：MATLAB 源程序为

```
t=-4:0.001:4;
ft=tripuls(t,4,-0.5);
subplot(2,2,1),plot(t, ft), grid on
axis([-4, 4, -0.5, 1.5])
title('f(t)')
ft1=tripuls(-t,4,-0.5);
subplot(2,2,2),plot(t, ft1), grid on
axis([-4, 4, -0.5, 1.5])
title('f(-t)')
fet=1/2*(ft+ft1);
subplot(2,2,3),plot(t, fet), grid on
axis([-4, 4, -0.5, 1.5])
title('fe(t)')
fot=1/2*(ft-ft1);
subplot(2,2,4),plot(t, fot), grid on
axis([-4, 4, -0.5, 1.5])
title('fo(t)')
```

$f(t)$的奇分量、偶分量的波形图如图 2-4 所示。

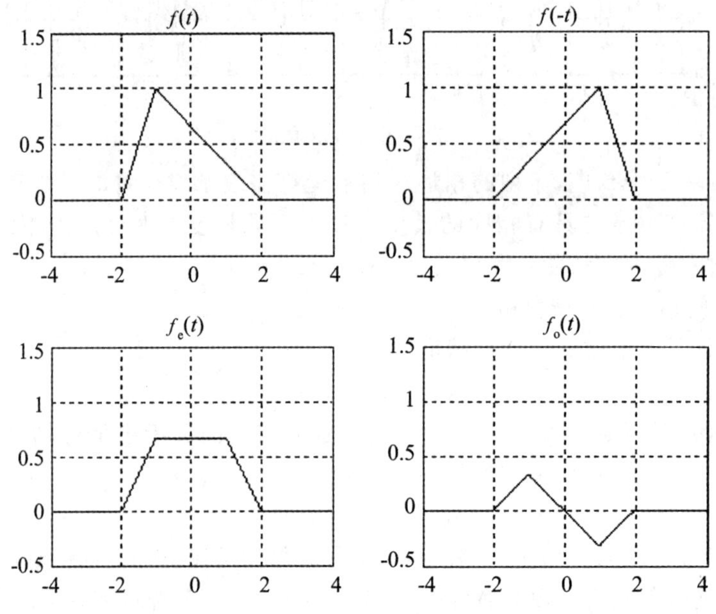

图 2-4 信号的奇偶对称分解波形

练习二

1. 试用 MATLAB 命令画出下列信号的波形图。

(1) $y_1(t)=3t^2+t+5$　　(2) $y_2(t)=t\sin 5\pi t \cdot u(t)$

(3) $f(t)=\mathrm{e}^{-t}\sin(10\pi t)+\mathrm{e}^{-\frac{t}{2}}\sin(9\pi t)$

2. 试用 MATLAB 命令，自行完成教材中的同类型习题。

实验3 信号的卷积计算

一、实验目的

(1)熟悉卷积的定义和表示。

(2)学会用 MATLAB 求连续时间信号和离散时间信号的卷积运算。

二、实验设备

(1)计算机。

(2)MATLAB 软件。

三、实验内容

卷积是一种重要的应用工具,是线性时不变系统对任意输入信号获取零状态响应的一种系统描述方法。卷积运算分为连续时间信号的卷积积分和离散时间信号的卷积和两种运算。

1. 卷积积分

连续时间信号的卷积积分可以表示为

$$y(t) = f_1(t) * f_2(t) = \int_{-\infty}^{\infty} f_1(\tau) f_2(t-\tau) \mathrm{d}\tau$$

例 3-1 已知 $f(t)=u(t)-u(t-1)$,$h(t)=u(t-1)-u(t-3)$,试求时域卷积积分 $y(t)=f(t)*h(t)$。

解:MATLAB 源程序为

```
p=0.01;
t1=0:p:1;f=ones(size(t1));
t2=1:p:3;h=ones(size(t2));
y=conv(f,h);                    %计算序列f与h的卷积和y
y=y*p;
t0=t1(1)+t2(1);                 %计算序列y非零样值的起点位置
t3=length(f)+length(h)-2;       %计算卷积和y的非零样值的宽度
t=t0:p:(t3*p+t0);               %确定卷积和y非零样值的时间向量
subplot(2,2,1)
plot(t1,f)                      %在子图1绘f(t)时域波形图
```

```
title('f(t)')
xlabel('t')
ylabel('f(t)')
subplot(2,2,2)
plot(t2,h)                    %在子图2绘h(t)时波形图
title('h(t)')
xlabel('t')
ylabel('h(t)')
subplot(2,2,3)
plot(t,y);                    %画卷积y(t)的时域波形
g=get(gca,'position');        %获取坐标轴的未知属性
g(3)=2.5*g(3);
set(gca,'position',g)         %将第三个子图的横坐标范围扩为原来的2.5倍
title('y(t)=f(t)*h(t)')
xlabel('t')
ylabel('y(t)')
```

运行结果如图 3-1 所示。

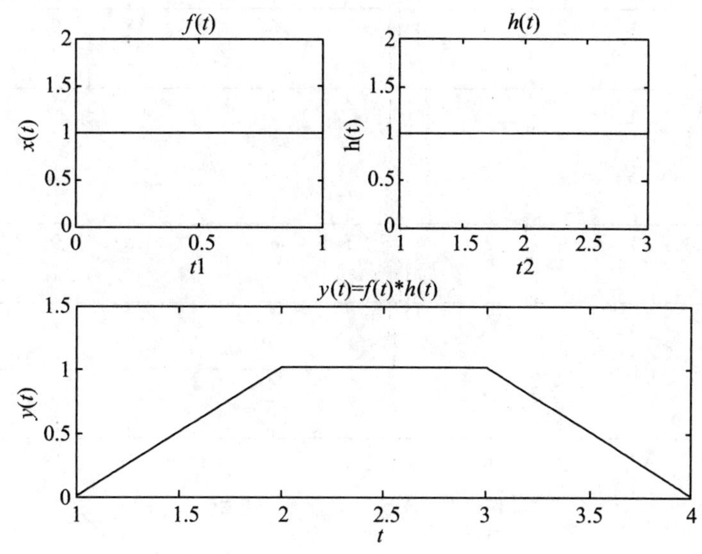

图 3-1 不等宽门函数的卷积

例 3-2 用 MATLAB 命令求函数 $f(t)=\sin t$ 与 $g(t)=0.5*(e^{-t}+e^{-3t})$的卷积。

解:MATLAB 源程序为

```
%计算连续信号的卷积积分
%f: 函数的样值向量
%k: 对应时间向量
%s: 采样时间间隔
s=0.1;
k1=0:s:10;                    %生成k1的时间向量
k2=k1;                        %生成k2的时间向量
f=sin(k1);                    %生成f的样值向量
```

```
g=0.5*(exp(-k2)+exp(3*(-k2)));  %生成g的样值向量
y=conv(f,g);y=y*s;
k0=k1(1)+k2(1);                 %%序列y非零样值的起点
k3=length(f)+length(g)-2;       %序列y非零样值的宽度
k=k0:s:k3*s;
subplot(3,1,1);                 %f(t)的波形
plot(k1,f);title('f(t)');
subplot(3,1,2);                 %g(t)的波形
plot(k2,g);title('g(t)');
subplot(3,1,3);                 %y(t)的波形
plot(k,y);title('y(t)');
```

运行结果如图 3-2 所示。

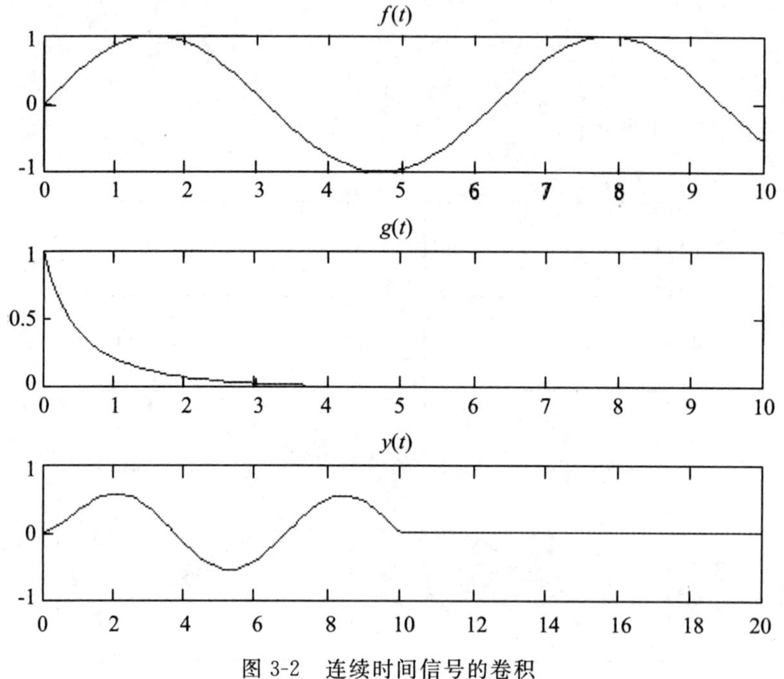

图 3-2　连续时间信号的卷积

2. 卷积和

离散时间信号的卷积和可以表示为

$$y(n) = x_1(n) * x_2(n) = \sum_{m=-\infty}^{\infty} x_1(m) x_2(n-m)$$

例 3-3　用 MATLAB 命令求：

(1) 离散信号 $x=[3,11,7,0,-1,4,2,11,7,0,-1,4,2,11,7,0,-1,4,2]$和信号 $h=[2,3,0,-5,2,1]$的卷积和。

(2) $y(n)=\sin 2n * \sin 5n$。

(3)两个等宽矩形序列的卷积和，其中矩形序列 $x(n)=u(n)-u(n-10)]$

(4)某线性时不变离散系统，设激励 $x(n)=(0.5)^n u(n)$的作用下，系统单位冲激响应 $h(n)=u(n+5)-u(n-6)]$，试确定系统的零状态响应 $y(n)=x(n)*h(n)$。

解：(1)MATLAB 命令如下：

```
x = [ 3, 11, 7, 0, -1, 4, 2, 11, 7, 0, -1, 4, 2, 11, 7, 0, -1, 4, 2];
h = [ 2, 3, 0, -5, 2, 1 ];
y = conv( x, h );
subplot( 3, 1, 1 ); stem( x ); title( 'signal x' );
subplot( 3, 1, 2 ); stem( h ); title( 'signal h' );
subplot( 3, 1, 3 ); stem( y ); title( 'signal y' );
```

运行结果如图 3-3 所示。

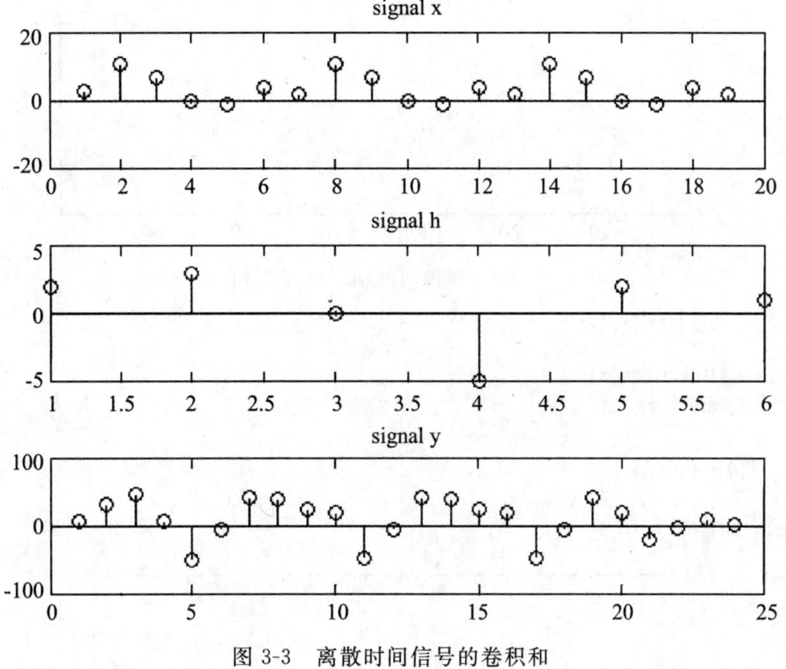

图 3-3 离散时间信号的卷积和

(2)MATLAB 源程序为

```
n=-0:70;
x=sin(.2*n);h=sin(.5*n);
y=conv(x,h);
stem(n, y(1:length(n)))
```

运行结果如图 3-4 所示。

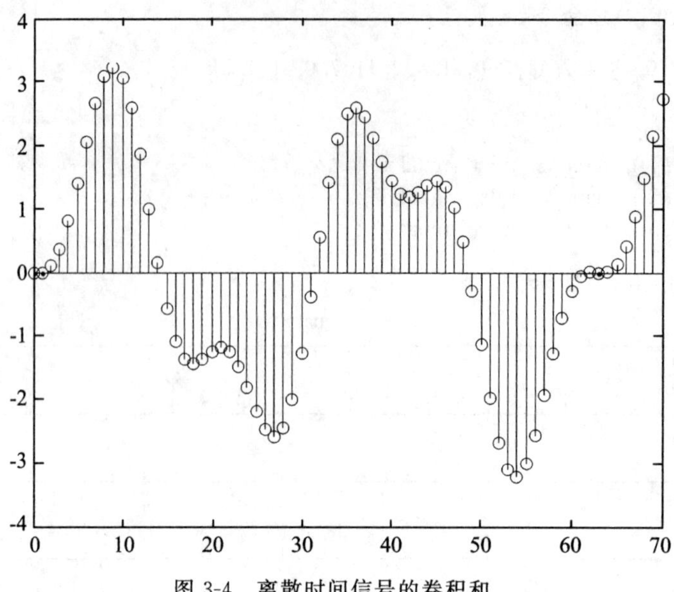

图 3-4 离散时间信号的卷积和

(3)MATLAB 源程序为

```
p=[0 ones(1,10) zeros(1,5)];
x=p;v=p;y=conv(x,v);
n=-2:23;
stem(n,y(1:length(n)))
```

运行结果如图 3-5 所示。

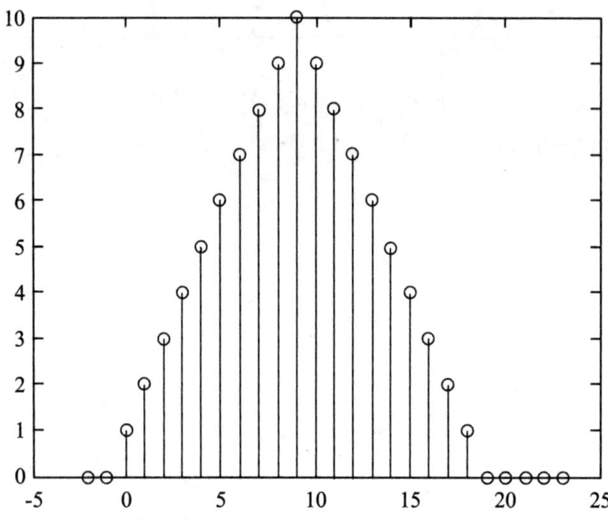

图 3-5 两个等宽矩形序列的卷积和

(4)MATLAB 源程序为

```
n=-30:30;
x1=zeros(1,30);
n2=0:30;
x2=(0.5).^n2;
x=[x1,x2];
h=zeros(1,31);
h(16-5:16+5)=1;
y=conv(x,h);
figure; subplot(2,1,1)
stem(-15:15,h,'.');
subplot(2,1,2);
stem(-15-30:15+30,y,'r.');
```

运行结果如图 3-6 示。

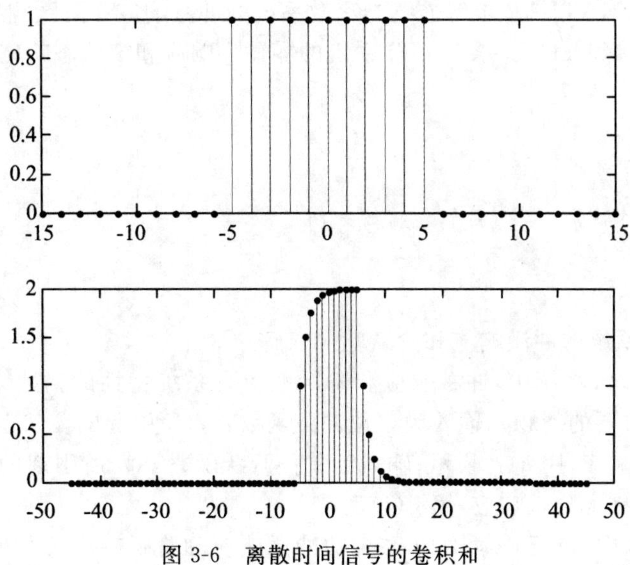

图 3-6　离散时间信号的卷积和

练习三

试用 MATLAB 命令,自行完成教材中的同类型习题。

实验 4 LTI 系统的时域分析

一、实验目的

(1)学会运用 MATLAB 求解连续与离散系统的冲激响应和阶跃响应。
(2)学会运用 MATLAB 求解 LTI 系统的零输入响应和零状态响应。

二、实验设备

(1)计算机。
(2)MATLAB 软件。

三、实验内容

1. 连续时间系统的冲激响应和阶跃响应求解

在连续时间 LTI 系统中,冲激响应和阶跃响应是系统特性的描述,对它们的分析是线性系统中极为重要的问题。输入为单位冲激函数 $\delta(t)$ 所引起的零状态响应称为单位冲激响应,简称冲激响应,用 $h(t)$ 表示;输入为单位阶跃函数 $u(t)$ 所引起的零状态响应称为单位阶跃响应,简称为阶跃响应,用 $g(t)$ 表示。

在 MATLAB 中,对于连续 LTI 系统的冲激响应和阶跃响应的数值解,可分别用控制系统工具箱提供的函数 impulse 和 step 来求解。其语句格式分别为:

$$y=impulse(syt,t)$$

$$y=step(sys,t)$$

其中,t 表示计算系统响应的时间抽样点向量,sys 表示 LTI 系统模型。

例 4-1 已知某 LTI 系统的微分方程为

$$y''(t)+2y'(t)+32y(t)=f'(t)+16f(t)$$

试用 MATLAB 命令绘出系统的冲激响应和阶跃响应。

解:MATLAB 源程序为

```
t=0:0.001:6;
sys=tf([1,16],[1,2,32]);
h=impulse(sys,t);
g=step(sys,t);
subplot(211),plot(t,h),grid on;
```

```
xlabel('Time(sec)'),ylabel('h(t)')
title('冲激响应')
subplot(212),plot(t,g),grid on;
xlabel('Time(sec)'),ylabel('g(t)')
title('阶跃响应')
```

运行结果如图 4-1 所示。

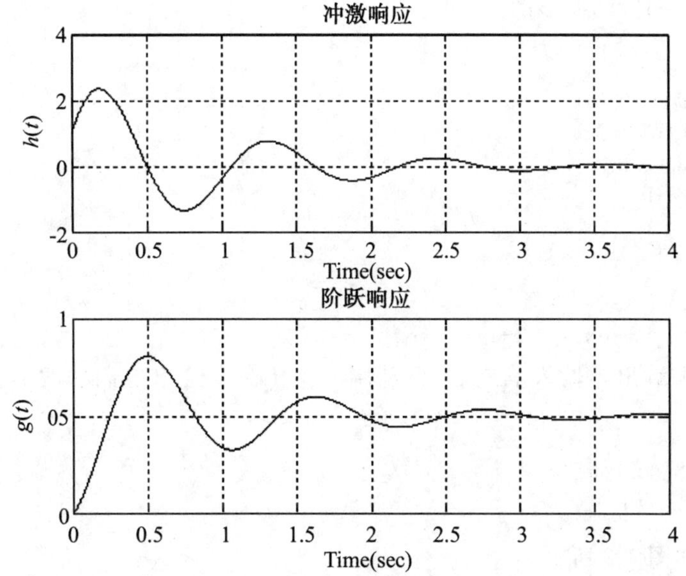

图 4-1 冲激响应和阶跃响应

2. 连续时间系统的响应求解

LTI 连续系统可用线性常系数微分方程来描述,即

$$\frac{\mathrm{d}^n y(t)}{\mathrm{d}t^n} + a_{n-1}\frac{\mathrm{d}^{n-1} y(t)}{\mathrm{d}t^{n-1}} + \cdots + a_1\frac{\mathrm{d}y(t)}{\mathrm{d}t} + a_0 y(t)$$

$$= b_m\frac{\mathrm{d}^m f(t)}{\mathrm{d}t^m} + \cdots + b_1\frac{\mathrm{d}f(t)}{\mathrm{d}t} + b_0 f(t)$$

$$= \sum_{j=0}^{m} b_j\frac{\mathrm{d}f^j(t)}{\mathrm{d}t^j}$$

该微分方程的的全解(又名全响应)分为两个组成部分:一是与该方程相应的齐次方程的齐次解,记作 $y_h(t)$,另一个是满足非齐次方程的特解,记作 $y_p(t)$。系统的全响应也可以分解为零输入响应和零状态响应两部分。零输入响应是指外加激励为零时,只由初始状态作用于系统所产生的响应,通常用 $y_{zi}(t)$表示;零状态响应是指初始状态为零时,由外加激励作用于系统所产生的响应,通常用 $y_{zs}(t)$表示。

MATLAB 符号工具箱提供了 dsolve 函数,可实现常系数微分方程的符号求解,其调用格式为

dsolve('eq1,eq2,…','cond1,cond2,…','v')

其中,参数 eq1,eq2,… 表示各微分方程,它与 MATLAB 符号表达式的输入基本相同,

微分或导数的输入是用 Dy,D2y,D3y,…来表示 y 的一阶导数、二阶导数、三阶导数等；参数 cond1,cond2,…表示各初始条件或起始条件；参数 v 表示自变量，默认为是变量 t。

例 4-2 当初始状态为 $y(0\_)=1, y'(0\_)=2$ 时，用 MATLAB 命令确定系统

$$\frac{d^2 y(t)}{dt^2}+3\frac{dy(t)}{dt}+2y(t)=\frac{df(t)}{dt}+3f(t)$$

的零输入响应，并画出其波形图；如系统的输入信号为 $f(t)=e^{-3t}u(t)$时，试绘制系统的输入及其零状态响应的波形图。

解：MATLAB 源程序为

```
eq='D2y+3*Dy+2*y=0';
cond='y(0)=1,Dy(0)=2';
yzi=dsolve(eq,cond);
yzi=simplify(yzi)
```

程序运行结果为

```
yzi=
        -3*exp(-2*t)+4*exp(-t)
```

利用符号求解出零输入响应后，可利用 ezplot 命令绘出他们的波形。其 MATLAB 源程序为

```
ezplot(yzi,[0,8]);grid on
title('零输入响应')
```

运行结果如图 4-2 所示。

如系统的输入信号为 $f(t)=e^{-3t}u(t)$时，确定系统响应的 MATLAB 源程序为

```
a=[1 3 2];
b=[1 3];
t=0:0.01:6;
f=exp(-3*t);
lsim(b,a,f,t);
```

系统的输入及其响应的波形图如图 4-3 所示。

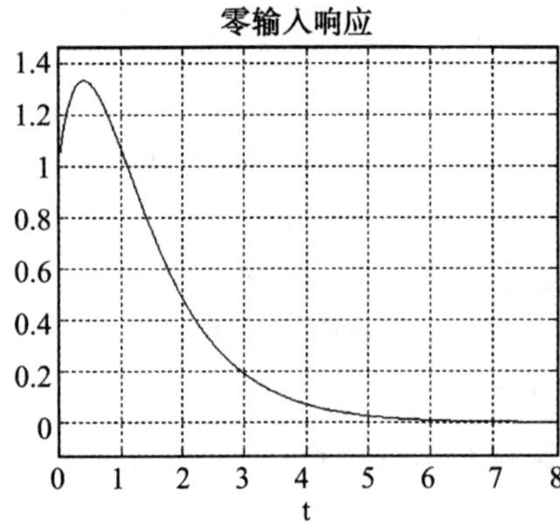

图 4-2 系统的零输入响应

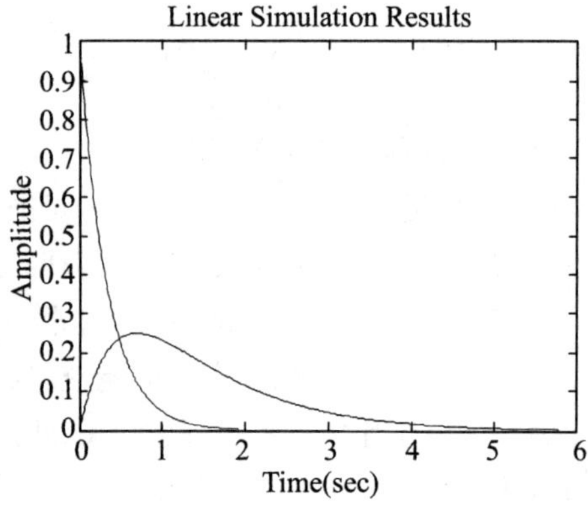

图 4-3 系统的输入及其响应的波形图

3. 离散时间系统的冲激响应求解

线性时不变离散系统，输入输出分析的数学模型是用常系数线性差分方程来描述的，其一般形式为：

$$y(n)+a_1y(n-1)+\cdots+a_Ny(n-N)=\sum_{j=0}^{M}b_jx(n-j)$$

在 MATLAB 中，对于离散 LTI 系统的冲激响应的数值解，可用函数 impz 来求解。其语句格式为：

y=*impz*(*b*,*a*)

y=*impz*(*b*,*a*,60)　　　　%绘出系统 0～60 取样点范围内的单位冲激响应波形

y=*impz*(*b*,*a*,*n*1,*n*2)　　%绘出系统 n1～n2 取样点范围内的单位冲激响应波形

例 4-3　一线性时不变离散系统

$$y(n)-y(n-1)+0.9y(n-2)=x(n)$$

试绘出系统冲激响应的波形图。

解：MATLAB 源程序为

```
a=[1 -1 0.9];
b=[1];
n=0:16;
impz(b,a,60)
```

运行结果如图 4-4 所示。

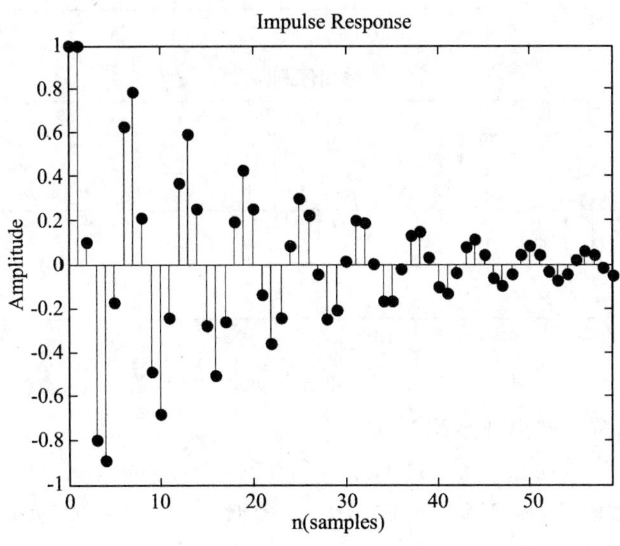

图 4-4　离散系统的单位冲激响应

4. 离散 LTI 系统的系统响应求解

对于 LTI 离散系统来说，MATLAB 提供了求系统响应的专用函数 *filter*()。该函数可以求出由差分方程描述的离散系统在指定激励时所产生的响应序列的数值解。其调用格式为：

filter(*b*,*a*,*x*)

例 4-4　已知 $x(n)=\cos(0.01\pi n^2)+\sin(0.3\pi n)$，设系统 $y(n)=x(n)+0.8x(n-1)$，试用 MATLAB 命令画出输入 $x(n)$ 和输出 $y(n)$ 的波形图。

解：MATLAB 源程序为

```
n=(-10:10);
x=cos(n.^2*0.01*pi)+sin(0.3.*n*pi);
a=1;
b=[1,0.8];
z=filter(b,a,x)
figure;
subplot(2,1,1)
stem(x);title('输入序列')
subplot(2,1,2)
stem(z);title('输出序列')
```

运行结果如图 4-5 所示。

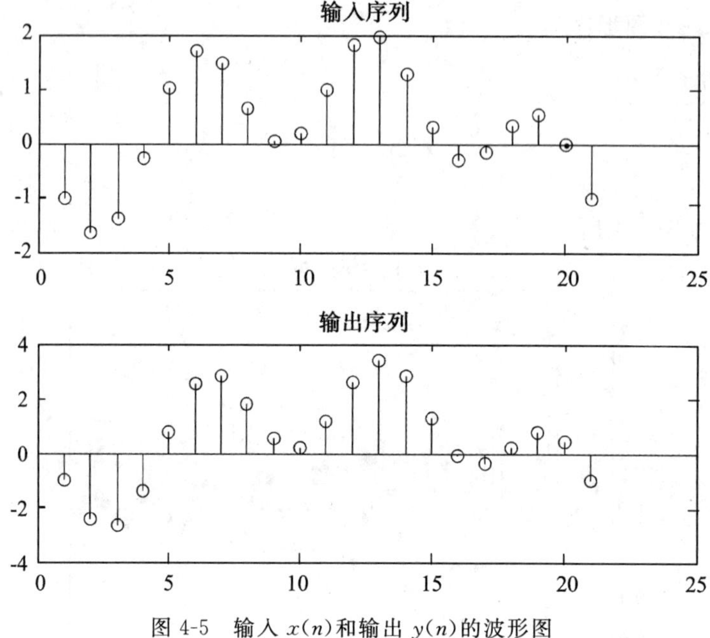

图 4-5　输入 $x(n)$ 和输出 $y(n)$ 的波形图

例 4-5　一线性时不变离散系统

$$y(n)-0.25y(n-1)+0.5y(n-2)=x(n)+x(n-1)$$

试绘出系统冲激响应、阶跃响应的波形图，以及激励 $x(n)=(0.5)^n u(n)$、初始条件为零时的系统响应 $y(n)$ 的波形图。

解：MATLAB 源程序为

```
a=[1 -0.25 0.5];
b=[1 1];
n=0:20;
h=impz(b,a,n);
subplot(2,2,1)
```

```
stem(n,h)
title('h(n)')
x1=ones(1,length(n));
g=filter (b,a,x1);
subplot(2,2,2)
stem(n,g)
title('g(n)')
x2=(1/2).^n;
y=filter (b,a,x2);
subplot(2,2,3)
stem(n,x2)
title('输入序列')
subplot(2,2,4)
stem(n,y)
title('输出序列')
```

运行结果如图 4-6 所示。

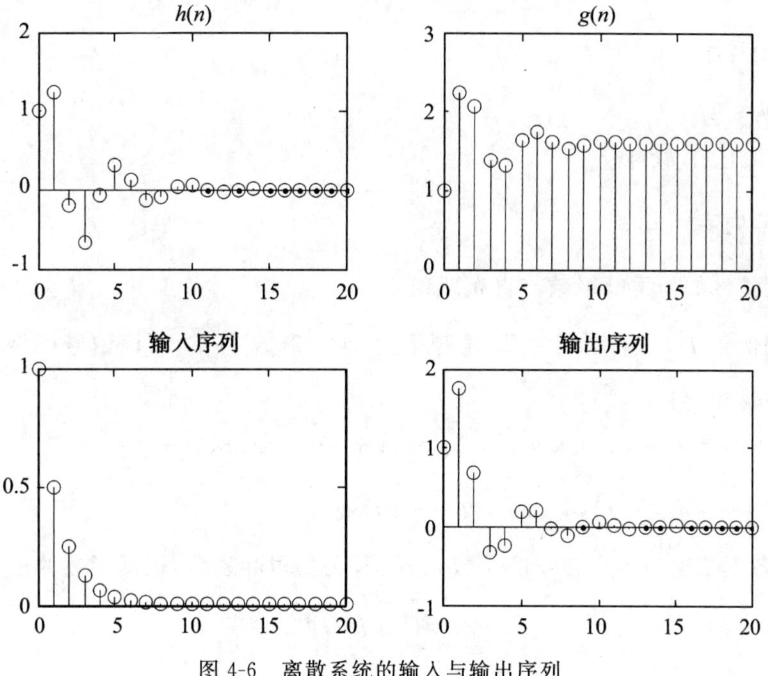

图 4-6 离散系统的输入与输出序列

练习四

1. 观察函数 *step*()和 *impulse*()的调用格式，假设系统的系统函数为

$$H(s)=\frac{s^2+3s+7}{s^4+4s^3+6s^2+4s+1}$$

可以用几种方法绘制出系统的阶跃响应曲线？试分别绘制。

2. 试用 MATLAB 命令，自行完成教材中的同类型习题。

实验5 周期信号的傅里叶级数与频谱

一、实验目的

(1)学会运用 MATLAB 分析傅里叶级数展开,深入理解傅里叶级数的物理意义。
(2)学会运用 MATLAB 分析周期信号的频谱特性。

二、实验设备

(1)计算机。
(2)MATLAB 软件。

三、实验内容

1.周期信号的傅里叶级数与吉布斯现象

设周期信号 $f(t)$,其周期为 T,角频率为 $w_0=2\pi f_0=\frac{2\pi}{T}$,则该信号可展开为三角形式的傅里叶级数,即

$$\begin{aligned} f(t) &= a_0 + a_1\cos w_0 t + a_2\cos 2w_0 t + \cdots + b_1\sin w_0 t + b_2\sin 2w_0 t + \cdots \\ &= a_0 + \sum_{n=1}^{\infty}(a_n\cos n w_0 t + b_n\sin n w_0 t) \end{aligned}$$

其中,各正弦项与各余弦项的系数 a_n、b_n 称为傅里叶系数,根据函数的正交性,得

$$a_0 = \frac{1}{T}\int_{t_0}^{t_0+T} f(t)\mathrm{d}t$$

$$a_n = \frac{2}{T}\int_{t_0}^{t_0+T} f(t)\cos n w_0 t\mathrm{d}t$$

$$b_n = \frac{2}{T}\int_{t_0}^{t_0+T} f(t)\sin n w_0 t\mathrm{d}t$$

其中,$n=1,2,\cdots$积分区间(t_0,t_0+T),通常取为$(0,T)$或$(-\frac{T}{2},\frac{T}{2})$。

所谓吉布斯现象是指周期信号经过傅里叶级数分解以后,可以用有限项级数相加的部分和来逼近,对于有不连续点的波形,所取的级数项越多,部分和近似波形与原波形的误差越小,但在信号跃变处附近的峰起与峰落值(又称作肩峰幅值)不会随谐波次数 n 的

增大而减小,肩峰幅值约为跳变值的 9%。

例 5-1 求频率为 1Hz、占空比为 50%的周期方波信号(如图 5-1 所示)的傅里叶级数,用 MATLAB 编程实现其各次谐波的叠加,并观测吉布斯现象。

解:从理论上分析可知,已知周期方波信号的傅里叶级数展开式为

$$f(t)=\frac{4A}{\pi}\left(\sin w_0 t+\frac{1}{3}\sin 3w_0 t+\frac{1}{5}\sin 5w_0 t+\frac{1}{7}\sin 7w_0 t+\frac{1}{9}\sin 9w_0 t+\cdots\right)$$

取 $A=1$,$T=1$,可分别求出 1、3、5、11、47 项傅里叶级数求和的结果,MATLAB 源程序为

```
t=-1:0.001:1;ft=square(2*pi*t,50);
subplot(3,2,1),plot(t, ft), grid on
axis([-1, 1, -1.5, 1.5])
title('周期方波信号')
n_max=[1 3 5 11 47];
N=length(n_max);
for k=1:N
   n=1:2:n_max(k);
   b=4./(pi*n);
   x=b*sin(2*pi*n'*t);
   subplot(3,2,k+1),plot(t,x),grid on
   axis([-1, 1, -1.5, 1.5])
   title(['最大谐波次数=',num2str(n_max(k))])
end
```

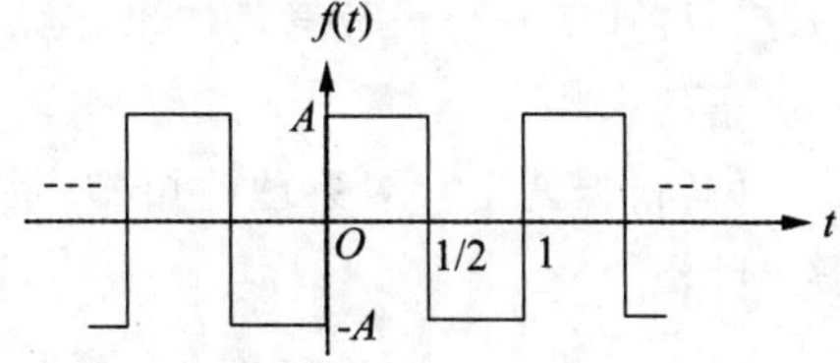

图 5-1 周期方波信号

运行结果如图 5-2 所示。

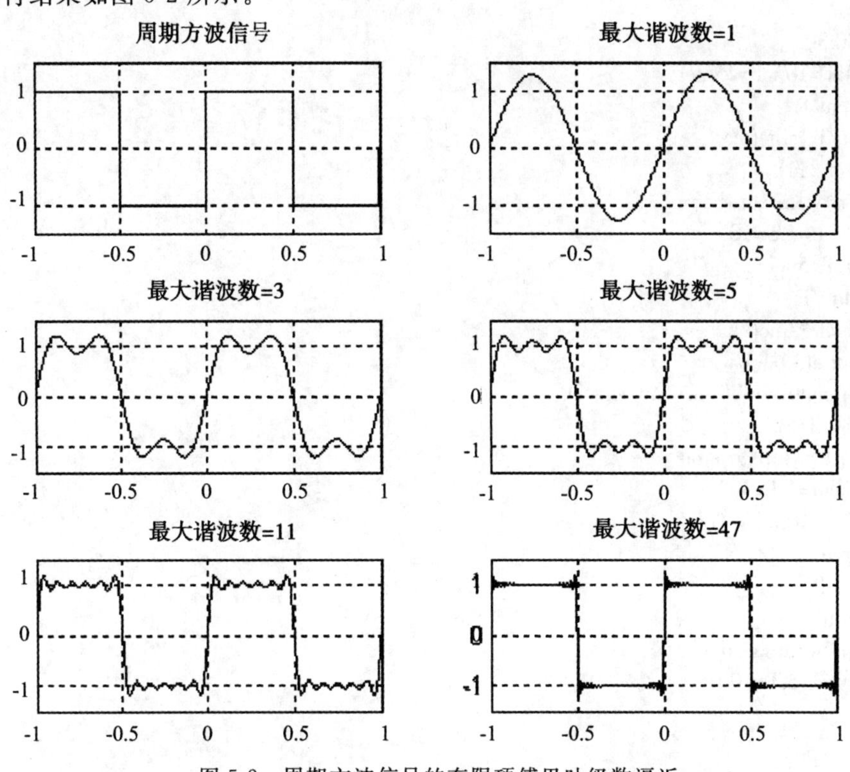

图 5-2 周期方波信号的有限项傅里叶级数逼近

2. 周期信号的频谱分析

周期信号通过傅里叶级数分解可展成一系列相互正交的正弦信号或复指数信号的分量的加权和。从广义上说，信号的某种特征量随信号频率变化的关系，称为信号频谱。傅里叶系数的幅度 $|F_n|$ 随角频率 nw_0 的变化关系绘制成图形，称为周期信号的幅度频谱，简称为幅度谱。相位 φ_n 随角频率 nw_0 变化关系绘制成图形，称为周期信号的相位频谱，简称相位谱。幅度谱和相位谱统称为信号的频谱。

例 5-2　已知周期矩形脉冲 $f(t)$ 如图 5-3 所示，设脉冲幅度 E＝1，宽度为 τ，重复周期为 T。将其展开为指数形式傅里叶级数，研究周期矩形脉冲的宽度 τ 和周期 T 变化时，对其频谱的影响。

解：根据傅里叶级数理论可知，周期矩形脉冲信号的傅里叶系数

$$F_n=\frac{E}{n\pi}\sin\frac{n\pi\tau}{T}$$

MATLAB 中有 sinc() 函数，$\mathrm{sinc}(t)=\frac{\sin\pi t}{\pi t}$，所以

$$F_n=\frac{E}{n\pi}\sin\frac{n\pi\tau}{T}=\frac{E\tau}{T}\mathrm{sinc}(\frac{n\tau}{T})\underset{E=1}{=}\frac{\tau}{T}\mathrm{sinc}(\frac{n\tau}{T})$$

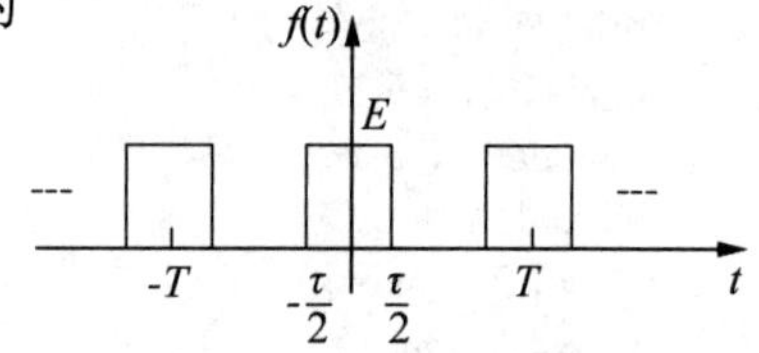

图 5-3　周期矩形脉冲信号

各谱线之间的间隔为 $\omega_1=\frac{2\pi}{T}$。图 5-4 画出了 $\tau=1$、$T=10$、$\tau=1$、$T=5$ 和 $\tau=2$、$T=10$三种情况下的傅里叶系数，MATLAB 源程序为

```
n=-30:30;
tau=1;T=10;w1=2*pi/T;
x=n*tau/T;
fn=tau/T *sinc(x);
subplot(311);
stem(n*w1,fn),grid on
title('\tau=1,T=10')
tau=1;T=5;w2=2*pi/T;
x=n*tau/T;
fn=tau/T *sinc(x);
m=round(30*w1/w2);
n1=-m:m;fn=fn(30-m+1:30+m+1);
subplot(312);
stem(n1*w2,fn),grid on
title('\tau=1,T=5')
tau=2;T=10;w3=2*pi/T;
x=n*tau/T;
fn=tau/T *sinc(x);
subplot(313);
stem(n*w3,fn),grid on
title('\tau=2,T=10')
```

运行结果如图 5-4 所示。

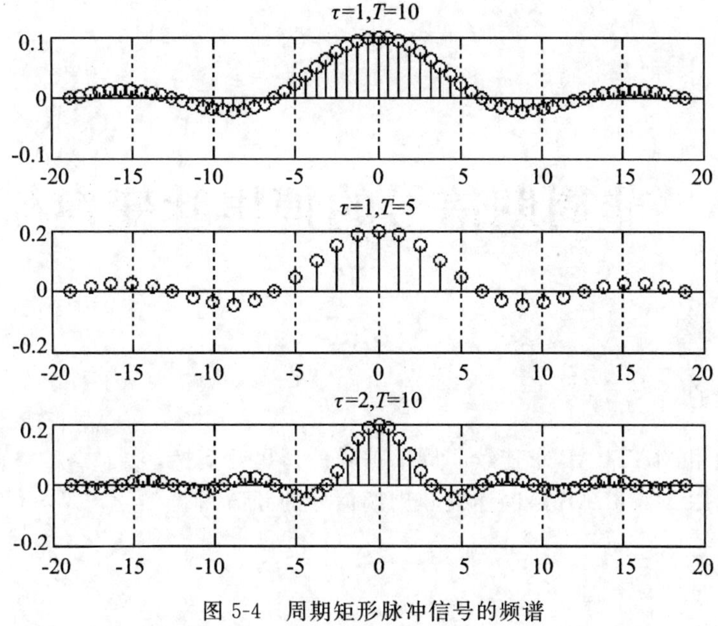

图 5-4 周期矩形脉冲信号的频谱

练习五

试用 MATLAB 命令，自行完成教材中的同类型习题。

实验6 非周期信号的傅里叶变换与频谱

一、实验目的

(1)学会运用 MATLAB 求连续非周期信号的傅里叶变换。
(2)学会运用 MATLAB 绘制连续非周期信号的频谱图。

二、实验设备

(1)计算机。
(2)MATLAB 软件。

三、实验内容

1. 傅里叶变换的实现

信号 $f(t)$的傅里叶变换定义为

$$F(\omega)=F[f(t)]=\int_{-\infty}^{\infty}f(t)\mathrm{e}^{-\mathrm{i}\omega t}\mathrm{d}t$$

它是信号由时域表示式求其频谱形式的变换公式。傅里叶反变换的定义为

$$f(t)=F^{-1}[F(\omega)]=\frac{1}{2\pi}\int_{-\infty}^{\infty}F(\omega)\mathrm{e}^{\mathrm{i}\omega t}\mathrm{d}\omega$$

表示从信号的频谱函数求其原时间函数的变换公式。MATLAB 符号数学工具箱提供了直接求解傅里叶变换与傅里叶反变换的函数 fourier()和 ifourier()。有什么问题可以输入指令 *help fourier* 与 *help ifourier* 获取帮助。

例 6-1 试用 MATLAB 符号运算求解法求下列信号的傅里叶变换。

(1) $f(t)=\mathrm{e}^{-2t}u(t)$ (2) $f(t)=\sin(t)$ (3) $f(t)=3\delta(t)-\mathrm{e}^{-t}u(t)$

解:MATLAB 源程序为

```
(1) ft1=sym('exp(-2*t)*heaviside(t)');
    Fw1=fourier(ft1)       %fourier变换
```

运行结果:Fw1=

```
1/(2+i*w)
```

(2)
```
syms x
ft2=sin(x);
Fw2=fourier(ft2)
```

运行结果：Fw2＝

```
-pi*i*(dirac(w - 1) - dirac(w+1))
```

(3)
```
syms t v w x;
fourier(sym('-exp(-t)*heaviside(t)+3*dirac(t)'))
```

运行结果：ans＝

```
3-1/(i*w+1)
```

例 6-2 用 MATLAB 符号运算求解法求 $F(\omega)=\frac{1}{1+\omega^2}$ 的傅里叶反变换 $f(t)$。

解：MATLAB 源程序为

```
syms t;
Fw=sym('1/(1+w^2)');
ft=ifourier(Fw,t)
```

运行结果：ft＝

```
1/2*exp(t)*heaviside(-t)+1/2*exp(-t)*heaviside(t)
```

例 6-3 用 MATLAB 符号运算求 $f(t)=e^{-\frac{t^2}{2}}u(t)$ 的傅里叶变换，并用傅里叶反变换算法验证。

解：MATLAB 源程序为

```
syms t v w x;
ft=exp(-t^2/2);
Fw=fourier(ft)
pretty(Fw)
```

运行结果：Fw＝

```
(2^(1/2) * pi^(1/2))/exp(w^2/2)

                    /   2\
   1/2   1/2       |  w  |
  2    PI    exp|- -- |
                    \  2 /
```

用傅里叶反变换验证：ft＝ifourier(Fw)

运行结果：ft＝

```
1/exp(x^2/2)
```

2. 连续时间信号的频谱

信号 $f(t)$ 的傅里叶变换 $F(\omega)$ 表达了信号在 ω 处的频谱密度分布情况，一般 $F(\omega)$ 是 ω 的复函数，可以表示为 $F(\omega)=|F(\omega)|e^{j\varphi(\omega)}$。我们把 $|F(\omega)|-\omega$ 与 $\varphi(\omega)-\omega$ 曲线分别称为非周期信号的幅度频谱和相位频谱，它们都是频率 ω 的连续函数，在形状上与相应

的周期信号频谱包络线相同。

例 6-4　用 MATLAB 命令绘出实例 6-1 中单边指数信号的幅度谱和相位谱，并观测尺度变换对频谱图的影响。

解：MATLAB 源程序为

```
ft1=sym('exp(-2*t)*heaviside(t)');
Fw1=fourier(ft1)
subplot(221)
ezplot(abs(Fw1));grid on
title('幅度谱')
phase1=atan(imag(Fw1)/real(Fw1));
subplot(222)
ezplot(phase1);grid on
title('相位谱')
ft2=sym('exp(-6*t)*heaviside(t)');
Fw2=fourier(ft2)
subplot(223)
ezplot(abs(Fw2));grid on
title('幅度谱')
phase2=atan(imag(Fw2)/real(Fw2));
subplot(224)
ezplot(phase2);grid on
title('相位谱')
```

运行结果：Fw1＝1/(i*w＋2)　　　　　　Fw2＝1/(i*w＋6)

频谱图如图 6-1 所示。

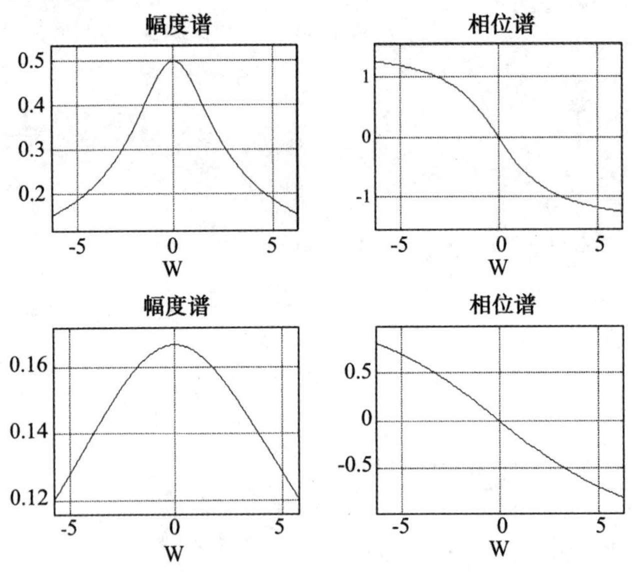

图 6-1　单边指数信号的幅度谱、相位谱及其尺度变换的影响

练习六

试用 MATLAB 命令，自行完成教材中的同类型习题。

实验 7　傅里叶分析方法的应用

一、实验目的

(1)学会运用 MATLAB 完成频响函数的对数幅频特性与相频特性绘制。

(2)学会运用 MATLAB 完成信号抽样及对抽样信号的频谱分析。

(3)学会运用 MATLAB 对抽样后的信号进行重建。

(4)了解运用 MATLAB 的其他傅里叶分析应用。

二、实验设备

(1)计算机。

(2)MATLAB 软件。

三、实验内容

1. 频响函数

系统频响函数 $H(\omega)$定义为零状态响应傅里叶变换与激励傅里叶变换之比。$H(\omega)$一般为复数,可以用极坐标表示 $H(\omega)=|H(\omega)|e^{i\varphi(\omega)}$,称$|H(\omega)|-\omega$ 为系统的幅频特性。$\varphi(\omega)-\omega$ 为系统的相位特性。

例 7-1　(1)某系统的频响函数 $H(\omega)=\dfrac{1}{1+i10\omega}$,试画出其对数幅频特性与相频特性;

(2)试画出频响函数 $H(\omega)=\dfrac{i\omega}{1+i\omega-\omega^2}$的对数幅频特性。

解:MATLAB 源程序为

```
(1) omega=logspace(-3,1,500);
    h=1./(1+i*10*omega);
    figure;
    subplot(2,1,1)
    semilogx(omega, 20*log10(abs(h)))
    grid on;
    subplot(2,1,2);
    semilogx(omega, angle(h));
    grid on;
```

运行结果如图 7-1 所示。

(2)
```
w=0:0.02:100;
magHw=abs(i.*w./(1-w.^2+i.*w));
semilogx(w,magHw);
xlabel('Frequency in rad/sec-log scale');
ylabel('Magnitude of Vout/Vin');
grid
```

运行结果如图 7-2 所示。

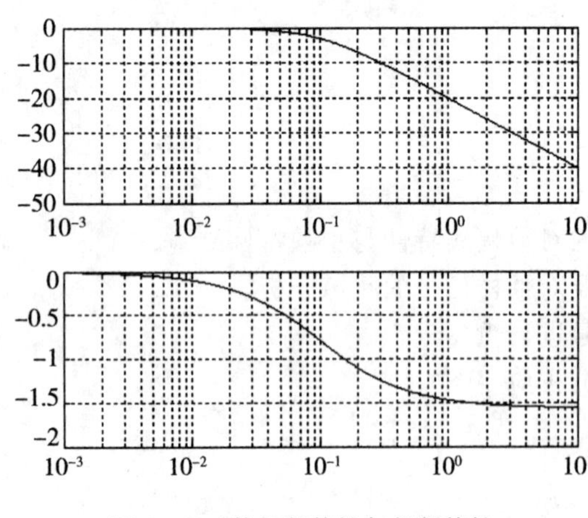

图 7-1 对数幅频特性与相频特性

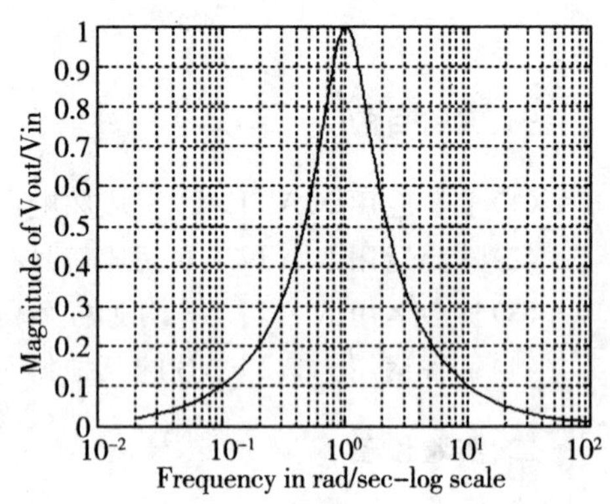

图 7-2 带通滤波器的幅频特性

2. 信号抽样及抽样定理

所谓抽样，就是利用抽样脉冲序列 $p(t)$ 从连续信号 $f(t)$ 中抽取一系列的离散样值，这种离散信号通常称为“抽样信号”。

时域抽样定理说明，一个频带宽度受限的信号 $f(t)$，如果频谱只占据 $-\omega_m<\omega<\omega_m$ 的范围，则抽样信号 $f(t)$ 可以用等间隔的抽样值唯一地表示，而抽样间隔必须不大于 $\frac{1}{2f_m}$，或者说最低抽样频率为 $2f_m$。其物理意义为：由于一个频带受限的信号波形绝不可能在很短的时间内产生独立的实质性的变化，它的最高变化速度受最高频率分量 ω_m 的限制，因此为了保留这一频率分量的全部信息，一个周期的间隔内至少抽样两次，即必须满足 $\omega_s\geqslant 2\omega_m$，或 $f_s\geqslant 2f_m$。通常把最低允许的抽样率 $f_s=2f_m$ 称为奈奎斯特频率，把最大允许的抽样间隔 $T_s=\frac{\pi}{\omega_m}=\frac{1}{2f_m}$ 称为奈奎斯特间隔。

例 7-2 已知升余弦脉冲信号为

$$f(t)=\frac{E}{2}[1+\cos\frac{\pi t}{\tau}],\ |t|\leqslant\tau$$

用 MATLAB 编程实现该信号经冲激脉冲抽样后得到的抽样信号 $f_s(t)$ 及其频谱。

解：令参数 $E=1$，$\tau=\pi$，则 $f(t)=\frac{1}{2}[1+\cos t]$，$|t|\leqslant\pi$。采用抽样间隔 $T_s=1$ 时，MATLAB 源程序为

```
s=1;
dt=0.1;
t1=-4:dt:4;
ft=((1+cos(t1))/2).*( heaviside(t1+pi)- heaviside(t1-pi));
subplot(221)
plot(t1,ft),grid on
axis([-4 4 -0.1 1.1])
xlabel('Time(sec)'),ylabel('f(t)');
title('升余弦脉冲信号')
N=500;
k=-N:N;
W=pi*k/(N*dt);
Fw=dt*ft*exp(-j*t1'*W);
subplot(222)
plot(W,abs(Fw)),grid on
axis([-10 10 -0.2 1.1*pi])
xlabel('\omega'),ylabel('F(w)');
title('升余弦脉冲信号的频谱')
Ts=1;
t2=-4:Ts:4;
fst=((1+cos(t2))/2).*( heaviside(t2+pi)- heaviside(t2-pi));
subplot(223)
plot(t1,ft,':'),hold on
stem(t2,fst),grid on
axis([-4 4 -0.1 1.1])
xlabel('Time(sec)'),ylabel('fs(t)');
title('抽样后的信号'),hold off
Fsw=Ts*fst*exp(-j*t2'*W);
subplot(224)
plot(W,abs(Fsw)),grid on
axis([-10 10 -0.2 1.1*pi])
xlabel('\omega'),ylabel('Fs(w)');
title('抽样后的信号的频谱')
```

运行结果如图 7-3 所示。

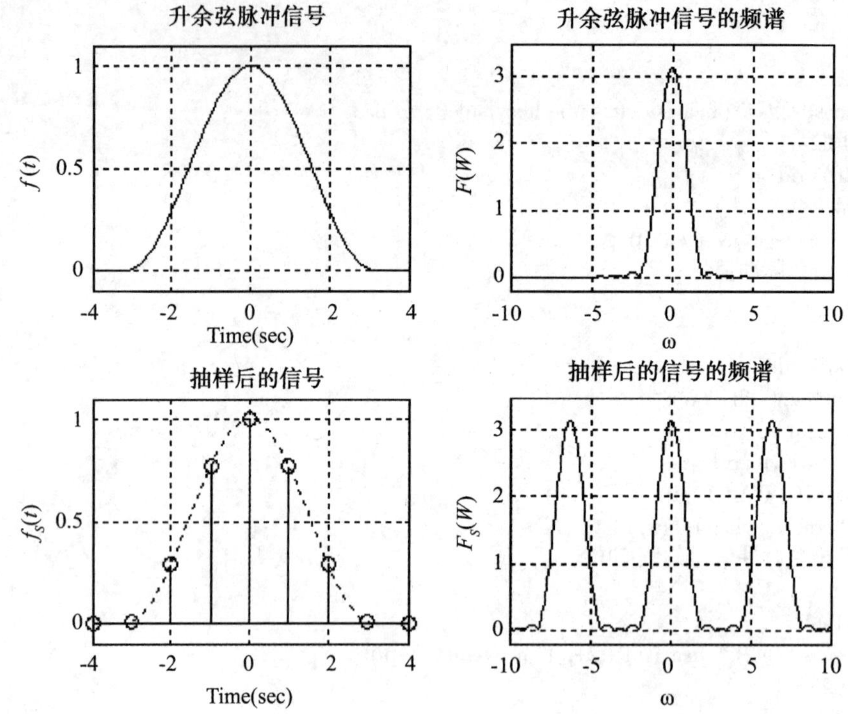

图 7-3　升余弦脉冲信号经抽样后的频谱比较

例 7-3　试用实例 7-2 来验证抽样定理。

解：例 7-2 中升余弦脉冲信号的频谱大部分集中在$[0,\frac{2\pi}{\tau}]$之间，设其截止频率为 $\omega_m=\frac{2\pi}{\tau}$，代入参数可得 $\omega_m=2$，因而奈奎斯特间隔 $T_s=\frac{1}{2f_m}=\frac{\pi}{2}$。在实例 7-2 的 MATLAB 程序中，可通过修改 T_s 的值得到不同的结果。

例如，取 $T_s=\frac{\pi}{2}$，可得到奈奎斯特间隔临界抽样时，抽样信号的频谱情况，如图 7-4 所示。取 $T_s=2$，可得到低抽样率时，抽样信号的频谱情况，如图 7-5 所示。从中可以看出，由于抽样间隔大于奈奎斯特间隔，产生了较为严重的频谱混叠现象。

抽样定理表明，当抽样间隔小于奈奎斯特间隔时，可用抽样信号 $f_s(t)$ 唯一地表示原信号 $f(t)$，即信号重建。为了从频谱中无失真地复原信号，可采用截止频率为 $\omega_c\geqslant\omega_m$ 的低通滤波器。

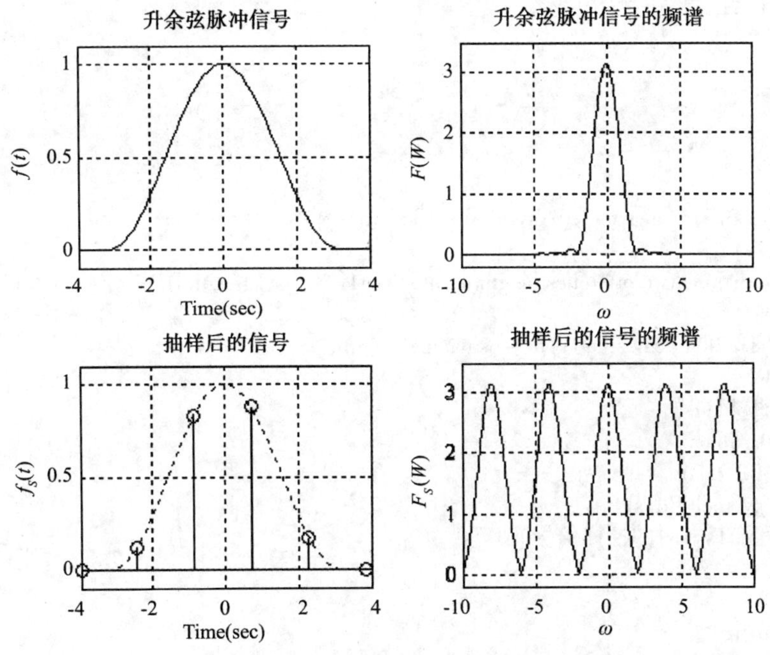

图 7-4 临界抽样时抽样信号的频谱比较

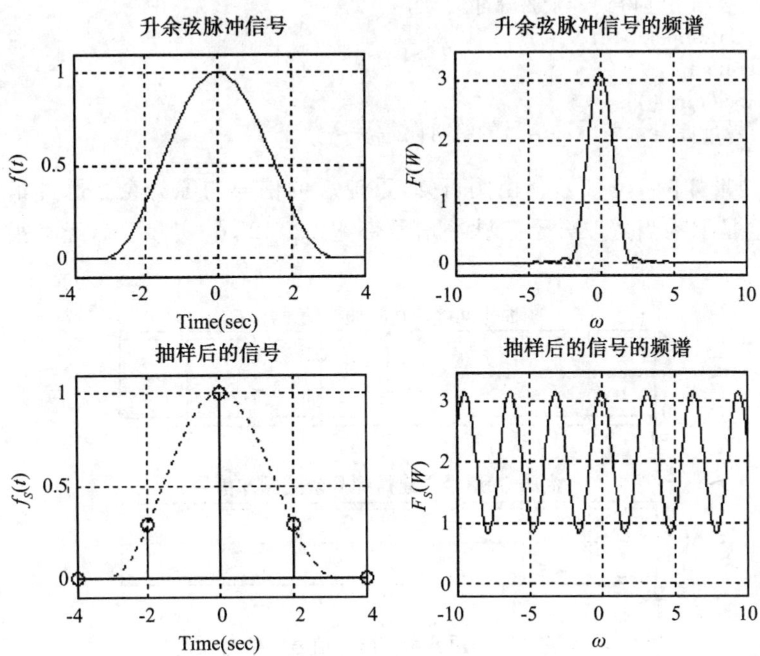

图 7-5 低抽样率时抽样信号频谱比较及频率混叠

例 7-4 对例 7-2 中的升余弦脉冲信号，假设其截止频率 $\omega_m=2$，抽样间隔 $T_s=1$，采用截止频率 $\omega_c=1.2\times\omega_m$ 的低通滤波器对抽样信号滤波后重建信号 $f(t)$，并计算重建信号与原升余弦脉冲信号的绝对误差。

解：MATLAB 源程序为

```
wm=2;
wc=1.2*wm;
Ts=1;
n=-100:100;
nTs=n*Ts;
fs=((1+cos(nTs))/2).*( heaviside(nTs+pi)- heaviside(nTs-pi));
t=-4:0.1:4;
ft=fs*Ts*wc/pi*sinc((wc/pi)*(ones(length(nTs),1)*t-nTs'*ones(1,length(t))));
t1=-4:0.1:4;
f1=((1+cos(t1))/2).*( heaviside(t1+pi)- heaviside(t1-pi));
subplot(311)
plot(t1,ft,':'),hold on
stem(nTs,fs),grid on
axis([-4 4 -0.1 1.1])
xlabel('nTs'),ylabel('f(nTs)');
title('抽样间隔Ts=1时的抽样信号f(nTs)')
hold off
subplot(312)
plot(t,ft),grid on
axis([-4 4 -0.1 1.1])
xlabel('t'),ylabel('f(t)');
title('由f(nTs)信号重建得到升余弦脉冲信号')
error=abs(ft-f1);subplot(313)
plot(t,error),grid on
xlabel('t'),ylabel('error(t)');
title('重建信号与原升余弦脉冲信号的绝对误差')
```

程序运行结果如图 7-6 所示。由图可知，重建后的信号与原升余弦脉冲信号的误差在 10^{-2} 以内，这是因为当选取升余弦脉冲信号带宽 $\omega_m=2$ 时，实际上已经将很少的高频分量忽略了。

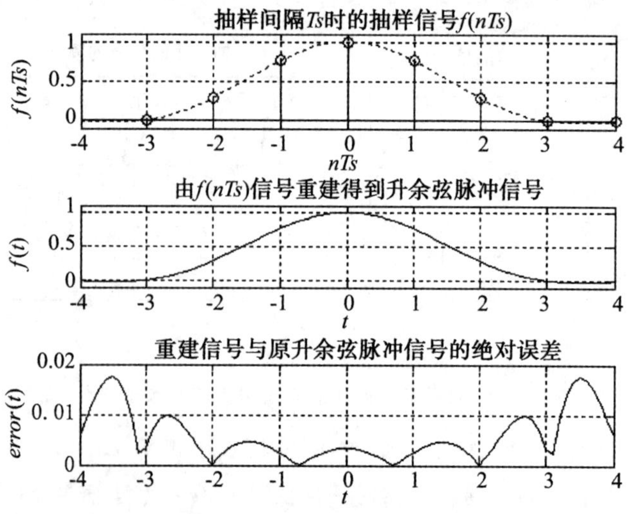

图 7-6　抽样信号的重建误差及误差分析

3. 调制与解调

所谓调制与解调就是频谱搬移技术。调制就是将低频信号的频谱搬到高频段，解调是调制的反过程，将高频的频谱返回低频段。

在时域中用高频正弦或余弦函数（$\cos\omega_0 t$ 又名载波信号），去乘以一个具有低频特性的信号（称作调制信号），反映在频域中，则是把调制信号的频谱搬到高频 ω_0 处。$f(t)\cos\omega_0 t$ 称作已调幅信号，或更确切地称之为抑制载波双边带调幅信号。

例 7-5 已知调制信号 $f(t)=\cos 10\pi t$，载波信号 $f_C(t)=\cos 80\pi t$，试编程画出调制与解调过程中的波形图与频谱图。

解：MATLAB 源程序为

```
clear clc
fs=40;
Fs=400;
Fc=40;
N=400;
n=0:N;
t=n/Fs;
xt=cos(2*pi*5*t);
xct=cos(2*pi*Fc*t);
yt=xt.*xct;
Xw=fftshift(abs(fft(xt,512)));
Yw=fftshift(abs(fft(yt,512)));
ww=-256:255;
ww=ww*Fs/512;
figure,subplot(2,1,1),plot(t,xt),title('调制信号波形')
subplot(2,1,2),plot(ww,Xw),title('调制信号频谱')
figure,subplot(2,1,1),plot(t,yt),title('已调信号波形')
subplot(2,1,2),plot(ww,Yw),title('已调信号频谱')
y1t=yt.*xct;
figure,subplot(2,1,1),plot(t,y1t),title('解调过程中间信号波形')
Y1w=fftshift(abs(fft(y1t,512)));
subplot(2,1,2),plot(ww,Y1w),title('解调过程中间信号频谱')
h=fir1(20,40/200,hamming(21));
figure,freqz(h,1),title('滤波器频率特性')
y2t=filter(h,1,y1t);
Y2w=fftshift(abs(fft(y2t,512)));
figure,subplot(2,1,1),plot(t,y2t),title('解调信号的波形')
subplot(2,1,2),plot(ww,Y2w),title('解调信号的频谱')
```

运行结果如图 7-7 所示。

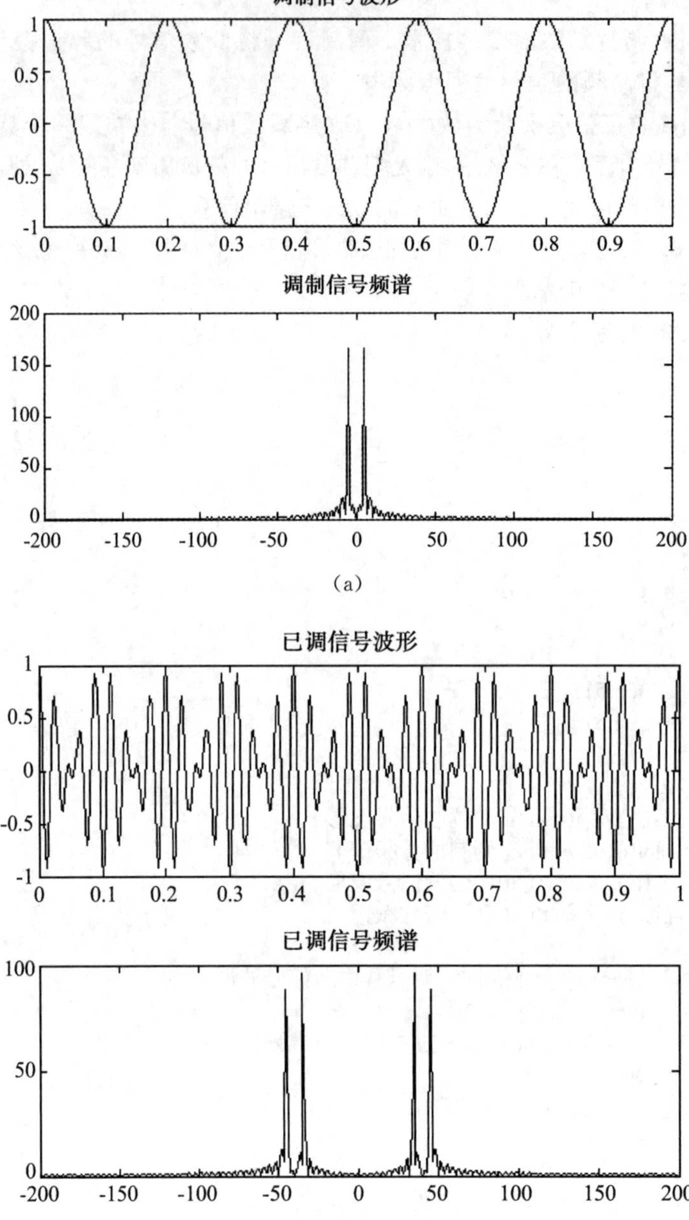

(a)

(b)

解调过程中间信号波形
解调过程中间信号频谱
(c)
滤波器频率特性
Magnitude(dB)
Normalized Frequency(xz rad/sample)
Phase(degrees)
Normalized Frequency(xz rad/sample)

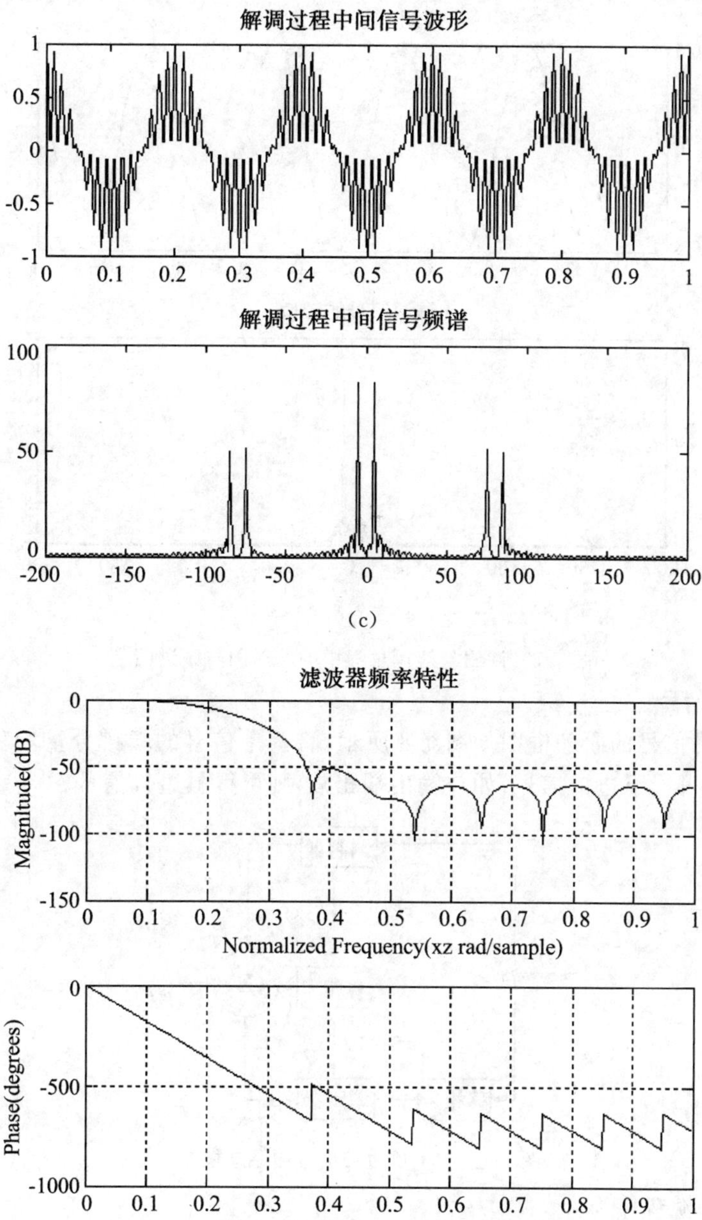

(d)

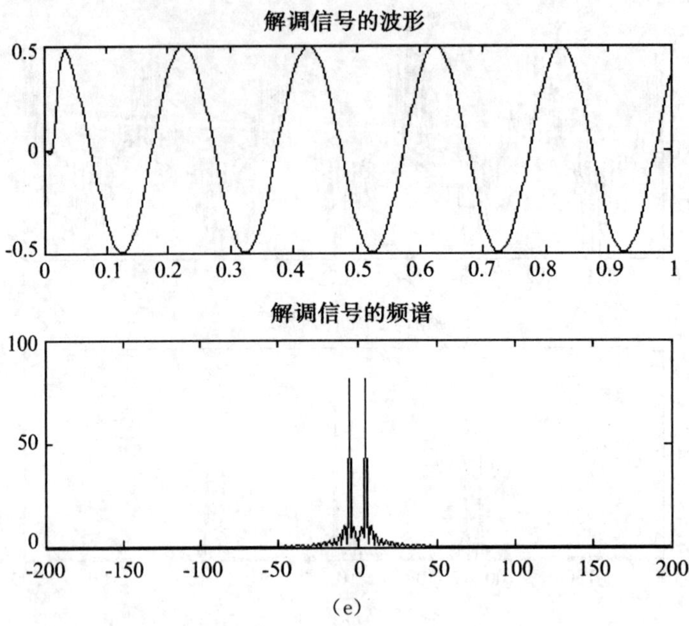

(e)

图 7-7　调制与解调过程中的波形图与频谱图

4. 单边带信号

产生单边带信号的原理框图如图 7-8 所示，将两个信号的频谱分量均移相 90°，如在输出端相加，则可得下边带信号；如在输出端相减，则可得上边带信号。

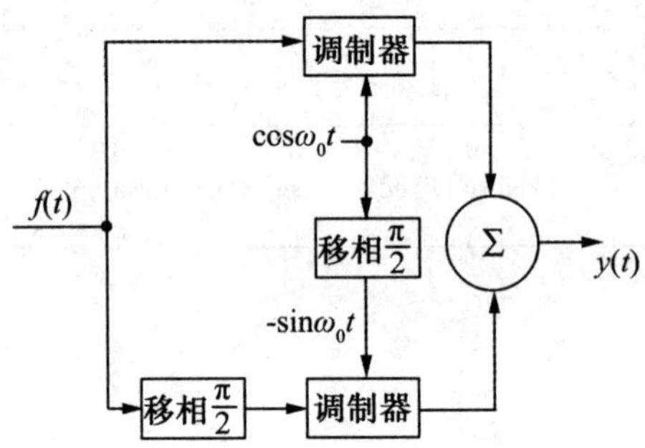

图 7-8　产生单边带信号的原理框图

MATLAB 源程序为

```
t=0:0.01:4.2;
t1=0:0.01:2.1;
t2=0:0.01:2.09;
f=ones(size(t)).*(t<0.5);
wc=100;
fa=f.*cos(wc*t);
ga=fft(fa);
h1=[j*ones(size(t1))];
h2=[-j*ones(size(t2))];
h=[h1 h2];
```

```
g=fft(f).*h;
fb=ifft(g);
fc=fb.*sin(wc*t);
gc=fft(fc);
y1=ga+gc;
y2=ga-gc;
subplot(4,1,1),plot(abs(ga));
subplot(4,1,2),plot(abs(gc));
subplot(4,1,3),plot(abs(y1));
subplot(4,1,4),plot(abs(y2));
```

运行结果如图 7-9 所示。

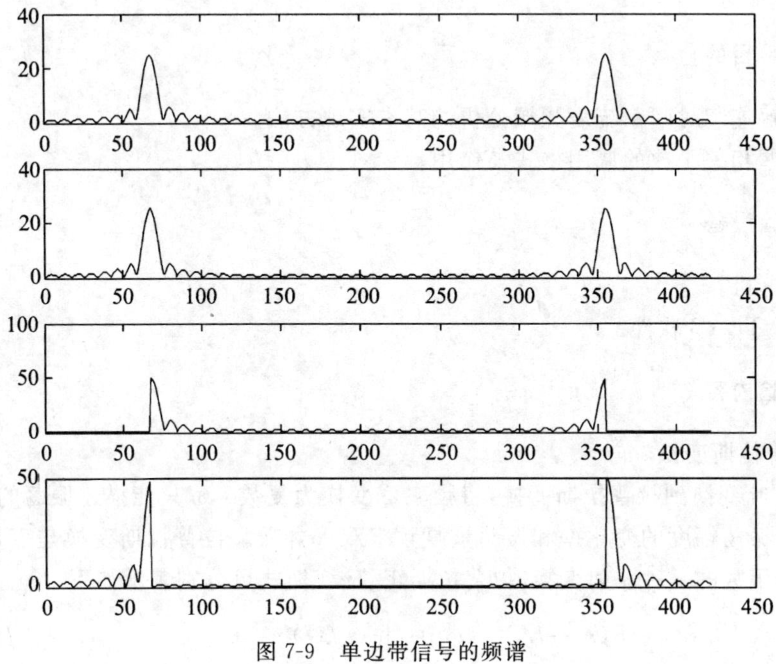

图 7-9 单边带信号的频谱

练习七

试用 MATLAB 命令,自行完成教材中的同类型习题。

实验 8　连续 LTI 系统的复频域分析

一、实验目的

(1)了解连续时间系统复频域分析的基本实现方法。
(2)掌握相关函数的调用格式及作用。

二、实验设备

(1)计算机。
(2)MATLAB 软件。

三、实验内容

1. 拉普拉斯变换

从傅里叶变换到拉普拉斯变换,将频率 ω 变换为复数 s,ω 只能描述振荡的重复频率,而 s 包含了振荡幅度的变化率和振荡重复频率双重含义。拉普拉斯变换是变量 t 的函数至变量 s 的函数的一种映射变换,拉普拉斯正、反变换式可分别表示如下

$$F(s)=LT[f(t)]=\int_{-\infty}^{\infty} f(t)\mathrm{e}^{-st}\mathrm{d}t$$

$$f(t)=ILT[F(s)]=\frac{1}{\mathrm{i}2\pi}\int_{\sigma-\mathrm{i}\infty}^{\sigma+\mathrm{i}\infty} F(s)\mathrm{e}^{st}\mathrm{d}s$$

运用 MATLAB 的进行拉普拉斯变换的调用格式是:$F=laplace(f,t,s)$

例 8-1　运用 MATLAB 求单位斜变函数和 $f(t)=t\mathrm{e}^{-2t}\cos 3tu(t)$的拉普拉斯变换。

解:MATLAB 源程序为

```
syms t s
f1=t;
Fs1= laplace(f1)
Fs2=laplace(t*exp(-2*t)*cos(3*t))
```

运行结果:Fs1=

```
        1/s^2
```

```
Fs2=
        ((2*s+4)*(s+2))/((s+2)^2+9)^2 - 1/((s+2)^2+9)
```

复频域分析法中，拉普拉斯反变换可以采用部分分式展开法和直接的拉普拉斯反变换法。所谓部分分式展开法，是将像函数分解为若干简单变换式之和，然后逐项反变换求取原函数的方法。这种方法适用于像函数是有理函数的情况。利用 MATLAB 进行这两种分析的基本原理为：

(1)部分分式展开法

设像函数是有理函数

$$F(s)=\frac{N(s)}{D(s)}=\frac{b_m s^m+b_{m-1}s^{m-1}+\cdots+b_1 s+b_0}{a_n s^n+a_{n-1}s^{n-1}+\cdots+a_1 s+a_0}=\frac{\sum_{j=0}^{m}b_j s^j}{\sum_{i=0}^{n}a_i s^i}$$

若 $F(s)$的部分分式展开式为

$$F(s)=\frac{k_1}{s-p_1}+\frac{k_2}{s-p_2}+\cdots+\frac{k_n}{s-p_n}$$

式中的参数 $k_1,k_2,\cdots,k_n$ 为待定系数。利用 MATLAB 的 residue 函数可以求待定系数与极点即 $k_1,k_2,\cdots,k_n$ 与 $p_1,p_2,\cdots,p_n$，并将结果数据以分数形式输出。

例 8-2 设一像函数 $F(s)=\frac{5s-1}{s^3-3s-2}$，试确定其部分分式展开式中的待定系数与极点。

解：MATLAB 源程序为

```
num=[5 -1];
den=[1 0 -3 -2];
[k,p]= residue(num,den)
```

运行结果：

```
k=                      p=
    1.0000                  2.0000
   -1.0000                 -1.0000
    2.0000                 -1.0000
```

意味着，像函数的部分分式展开式为 $F(s)=\frac{1}{s-2}+\frac{-1}{s+1}+\frac{2}{(s+1)^2}$。

(2)直接的拉普拉斯反变换法

经典的拉普拉斯变换分析法，即先从时域变换到复频域，在复频域经过处理后，再利用拉普拉斯反变换从复频域变换到时域，完成对时域问题的求解。涉及的函数有 laplace 函数和 ilaplace 函数。

例 8-3 求下列像函数的拉普拉斯反变换

(1)$F_1(s)=\frac{3s+2}{s^2+3s+2}$；$F_2(s)=\frac{3s^2+2s+5}{s^3+12s^2+44s+48}$

(2)$F(s)=\frac{s+3}{s^3+5s^2+12s+8}$

解：MATLAB 源程序为

(1)
```
syms s t;
Fs1=(3*s+2)/(s^2+3*s+2);
Fs2= (3*s^2 + 2*s + 5) / (s^3 + 12*s^2 + 44*s + 48);
ft1= ilaplace(Fs1)
ft2= ilaplace(Fs2)
```

运行结果得其原函数 ft1 =

4/exp(2*t) － 1/exp(t)

ft2 =

13/(8*exp(－2*t)) － 45/(4*exp(－4*t))＋101/(8*exp(－6*t))

(2)
```
syms s t;
Fs=(s + 3)/(s^3+5*s^2+12*s+8);
ft=ilaplace(Fs)
```

运行结果得其原函数 ft =

2/(5*exp(t)) － (2*(cos(2*t) － (3*sin(2*t))/4))/(5*exp(2*t)

2. 系统函数及其应用

系统零状态响应的拉普拉斯变换与激励信号的拉普拉斯变换之比称为系统函数，以 $H(s)$表示。系统函数 $H(s)$分母多项式的根构成极点，分子多项式的根构成零点。若 $H(s)$的极点落于左半 s 平面，则 $h(t)$波形呈衰减形式；若 $H(s)$的极点落在右半 s 平面，则$h(t)$呈增长态势；落于虚轴上的一阶极点对应的 $h(t)$呈等幅震荡或阶跃形式；而虚轴上的二阶及其二阶以上极点将使 $h(t)$呈增长形式。$H(s)$零点分布的情况只影响到时域函数的幅度和相位；s 平面中零点变动对于 t 平面波形的形式没有影响。

例 8-4　求图 8-1 所示系统的系统函数

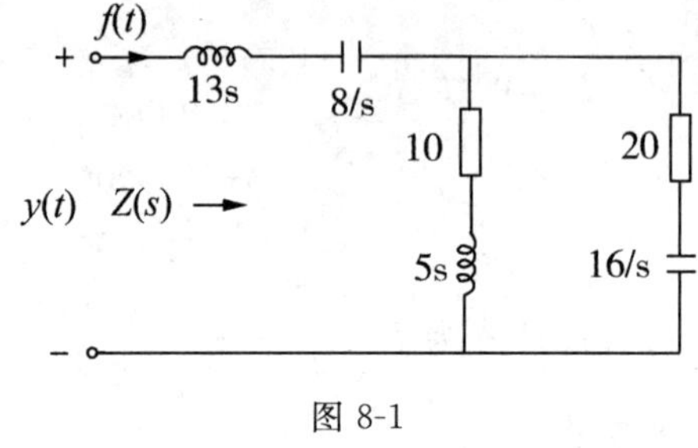

图 8-1

解：MATLAB 源程序为

```
syms s;
z1 = 13*s + 8/s;
z2 = 5*s + 10;
z3 = 20 + 16/s;
z = z1 + z2 * z3 / (z2+z3);
Hs = simplify(z)
```

运行结果：Hs=

(65*s^4+490*s^3+528*s^2+400*s+128)/(s*(5*s^2+30*s+16))

例 8-5 为了讨论系统函数 $H(s)$的零极点对于冲激响应 $h(t)$的影响，试用 MATLAB 编程作图分析以下两个系统的冲激响应与阶跃响应。

$H_1(s)=\frac{5}{5s^2+s+5}$； $H_2(s)=\frac{4s+5}{5s^2+s+5}$

解：MATLAB 源程序为

```
num1=5;den1=[5 1 5];
num2=[4 5];den2=[5 1 5];
subplot(2,1,1);hold on
impulse(num1,den1);
impulse(num2,den2);
axis([0 30 -1 1.5]);
subplot(2,1,2);
hold on
step(num1,den1);
step(num2,den2);
axis([0 30 0 2]);
hold off
```

运行结果如图 8-2 所示。

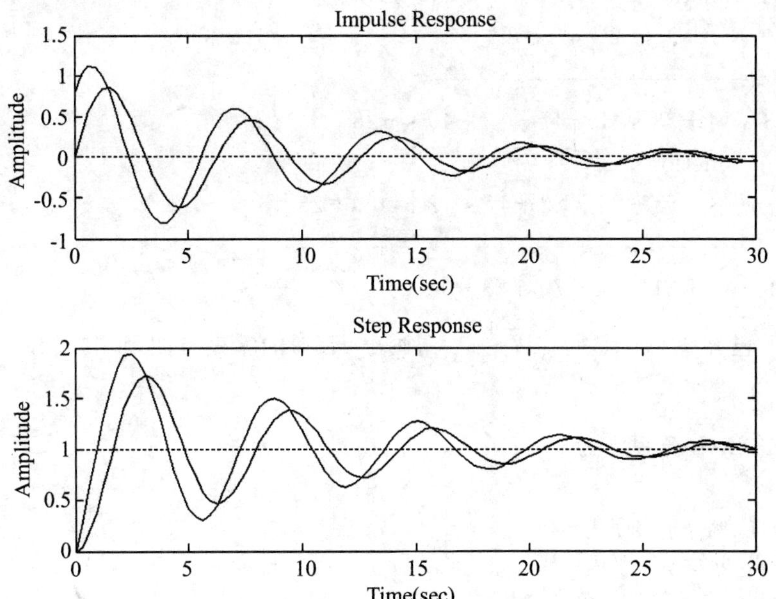

图 8-2 极点相同、零点不同系统函数的冲激响应与阶跃响应

运用 MATLAB，可以方便地确定复杂框图的系统函数，举例如下：

例 8-6 系统框图如图 8-3 所示，已知 $H_1(s)=\frac{1}{s^2+2s+5}$，$H_2(s)=\frac{1}{s+1}$，$H_3(s)=\frac{3}{s+5}$，$H_4(s)=\frac{1}{s^2+s+1}$，试编程确定系统的总传递函数 $H(s)$。

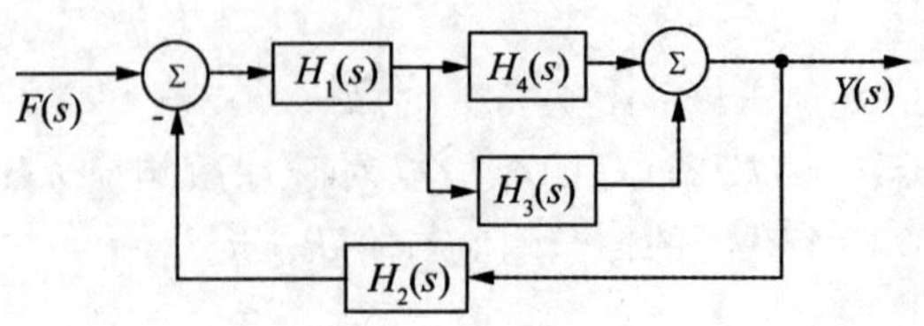

图 8-3 系统框图

解：MATLAB 源程序为

```
H1=tf(1,[1 2 5]);
H2=tf(1,[1 1]);
H3=tf(3,[1 5]);
H4=tf(1,[1 1 1]);
H34=parallel(H3,H4)         %计算并联环节
H134=series(H1,H34)         %计算串联环节
H=feedback(H2,H134)         %计算反馈环节
```

运行结果为：Transfer function：

```
  3s^2+4s+8
  ----------------------
s^3+6 s^2+6 s+5
Transfer function:
              3 s^2+4 s+8
  ----------------------------------------
s^5+8 s^4+23 s^3+47 s^2+40 s+25
Transfer function:
    s^5+8 s^4+23 s^3+47 s^2+40 s+25
  ----------------------------------------------------------
s^6+9 s^5+31 s^4+70 s^3+90 s^2+69 s+33
```

例 8-7 已知 $H(s)=\dfrac{s^2-1}{s^3+2s^2+3s+2}$，画出 $H(s)$ 的零极点图，将其展开为部分分式，并求出 $h(t)$。

解：MATLAB 源程序为

```
clear;
b=[1,0,-1]; %分子多项式系数
a=[1,2,3,2]; %分母多项式系数
zs=roots(b);
ps=roots(a);
plot(real(zs),imag(zs),'go',real(ps),imag(ps),'mx','markersize',12);
grid;legend('零点','极点');
[k p]=residue(b,a)
```

MATLAB 运算结果 k=　　　　　　　　p=

0.5000+0.5669i　　　　　　　　-0.5000+1.3229i

0.5000 - 0.5669i　　　　　　　　-0.5000 - 1.3229i

-0.0000　　　　　　　　-1.0000

由上可知，$H(s)$分解为：$H(s)=\frac{0.5+0.5669i}{s+0.5-1.3229i}+\frac{0.5-0.5669i}{s+0.5+1.3229i}$

因此原函数 $h(t)=(0.5+0.5669i)e^{(-0.5+1.3229i)t}+(0.5-0.5669i)e^{-(0.5+1.3229i)t}$。

MATLAB 输出的 H(s)的零极点图如图 8-4 所示。

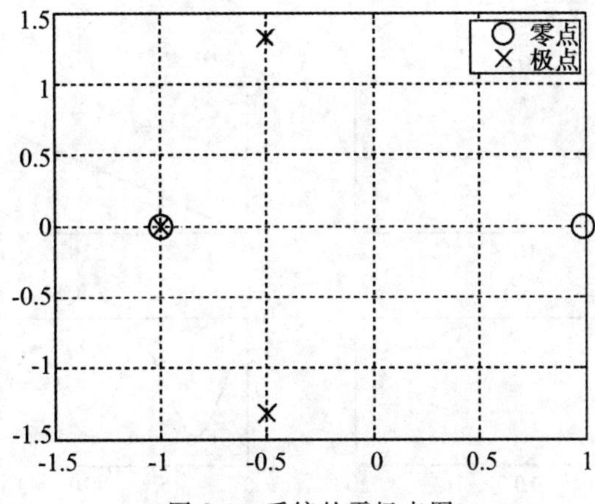

图 8-4　系统的零极点图

例 8-8　已知一 LTI 系统的系统函数 $H(s)=\frac{s^2+2s+16}{s^3+4s^2+8s}$，试绘出其冲激响应、阶跃响应以及激励分别为 $f(t)=e^{-t}u(t)$，$f_2(t)=6\cos tu(t)$初始条件为零时的系统响应的波形图。

解：MATLAB 源程序为

```
num=[1 2 16];
den=[1 4 8 0];
t=0:0.02:20;
h=impulse(num,den,t);
subplot(3,2,1);
plot(t,h);
title('h(t)');
g=step(num,den,t);
subplot(3,2,2);
plot(t,g);
title('g(t)');
f1=exp(-t);
y1=lsim(num,den,f1,t);
subplot(3,2,3);
plot(t,f1);
title('f1(t)');
subplot(3,2,5);
```

```
plot(t,y1);
title('y1(t)');
f2=6*cos(t);
y2=lsim(num,den,f2,t);
subplot(3,2,4);
plot(t,f2);
title('f2(t)');
subplot(3,2,6);
plot(t,y2);
title('y2(t)');
```

运行结果如图 8-5 所示。

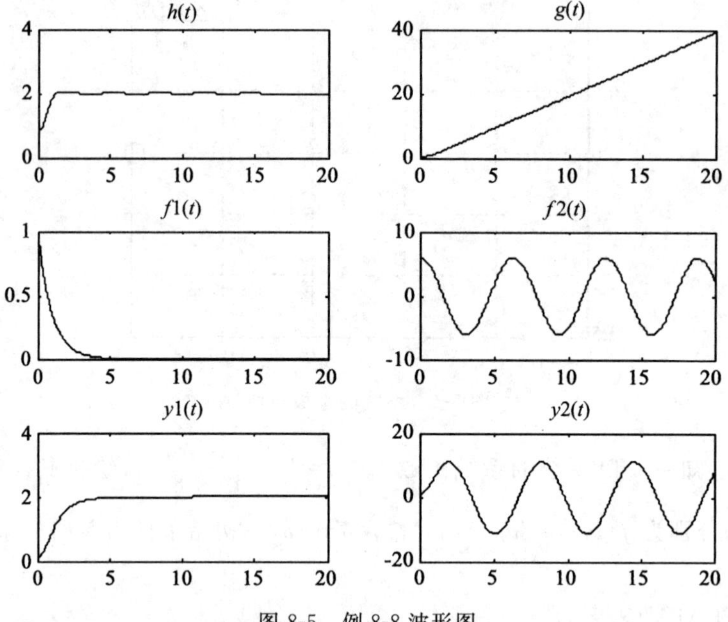

图 8-5　例 8-8 波形图

可以由拉普拉斯反变换获取输出信号的时域表达式。

```
syms s;
Ys1= (s^2 + 2*s + 16) / ((s^3 + 4*s^2 + 8*s)*(s+1));
y1=ilaplace(Ys1)
Ys2= s*(s^2 + 2*s + 16)/ ((s^3 + 4*s^2 + 8*s)*(s^2+1));
y2=ilaplace(Ys2)
```

运行结果：y1＝

```
        cos(2*t)/exp(2*t)-3/exp(t)+2
    y2=
        (113*sin(t))/65-(46*cos(t))/65
        +(46*(cos(2*t)+(11*sin(2*t))/23))/(65*exp(2*t))
```

系统函数 $H(s)$ 零极点分布图也可调用 pzmap 函数画出，调用形式：$[p,z]=pzmap(sys)$，即可画出 sys 所描述系统的零极点分布图，并记录下零点坐标 z 和极点坐标 p。

3. 频率响应

系统的幅频特性与相频特性，能直观地反映出系统的滤波特性。而频率响应与系统的零、极点分布有关。由建立在信号的拉普拉斯变换与其傅里叶变换之间的关系上的几何作图法，可根据系统函数 $H(s)$ 画出系统的对数幅频特性与相频特性。

例 8-9 已知某系统的系统函数 $H(s)=\dfrac{1000(s+2)}{(s+10)(s+50)}$，试画出系统的对数幅频特性与相频特性，并说明系统的滤波功能。

解：MATLAB 源程序为

```
num=1000*[1 2];
den=conv([1 10],[1 50]);
bode(num,den)
```

运行结果如图 8-6 所示。由幅频特性知，该系统为带通滤波系统。

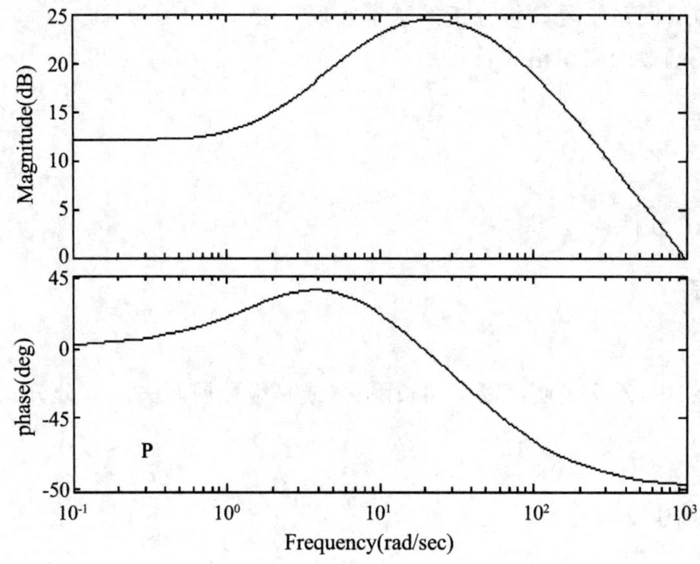

图 8-5 系统的对数幅频特性与相频特性

练习八

试用 MATLAB 命令，自行完成教材中的同类型习题。

实验 9　离散 LTI 系统的复频域分析

一、实验目的

(1)了解离散时间系统复频域分析的基本实现方法。

(2)掌握相关函数的调用格式及作用。

二、实验设备

(1)计算机。

(2)MATLAB 软件。

三、实验内容

1. Z 反变换

复频域分析法中,Z 反变换可以采用长除法(或幂级数展开法)、部分分式展开法和直接的 Z 反变换法。

(1)长除法

根据 Z 变换的定义有

$$X(z)=\sum_{n=-\infty}^{\infty}x(n)z^{-n}=\cdots x(-1)z+x(0)+x(1)z^{-1}+\cdots+x(n)z^{-n}+\cdots$$

这种将像函数按 z^{-1} 展成幂级数的形式,进而获取原函数的方法称作幂级数展开法。一般项 z^{-n} 的系数就是相应的原序列 $x(n)$。

例 9-1　已知 $X(z)=\dfrac{z}{(z-1)^2}$,$|z|>1$,试求原序列 $x(n)$。

解:MATLAB 源程序为

```
num=[1 0];
den=[1 -2 1];
x=dimpulse(num,den,7)
```

运行结果：x=

0

1

2

3

4

5

6

意味着 $X(z)=\sum_{n=0}^{\infty}x(n)z^{-n}=z^{-1}+2z^{-2}+3z^{-3}+4z^{-4}+\cdots+nz^{-n}+\cdots$即得

$$f(n)=nu(n)$$

(2)部分分式展开法

一般情况下，$X(z)$是有理函数，若 $X(z)$的部分分式展开式为

$$\frac{X(z)}{z}=\frac{k_1}{z-p_1}+\frac{k_2}{z-p_2}+\cdots+\frac{k_n}{z-p_n}$$

则利用 MATLAB 的 residue 函数可以求 $k_1,k_2,\cdots,k_n$ 与 $p_1,p_2,\cdots,p_n$，即将结果数据以分数形式输出。

例 9-2 设一像函数 $X(z)=\frac{z^3+1}{z^3-z^2-z-2}$，试确定其部分分式展开式中的待定系数与极点。

解：MATLAB 源程序为

```
num=[1 0 0 1];
den=[1 -1 -1 -2 0];
[k,p]= residue(num,den)
```

运行结果：k=

```
0.6429
0.4286 - 0.0825i
0.4286+0.0825i
-0.5000
```

p=

```
2.0000
-0.5000+0.8660i
-0.5000 - 0.8660i
0
```

意味着，像函数的部分分式展开式为

$$\frac{X(z)}{z}=\frac{0.643}{z-2}+\frac{0.43-\mathrm{i}0.08}{z+0.5-\mathrm{i}0.87}+\frac{0.43+\mathrm{i}0.08}{z+0.5+\mathrm{i}0.87}+\frac{-0.5}{z}$$

(3)直接的 Z 变换法

经典的 Z 变换分析法，即先从时域变换到复频域，在复频域经过处理后，再利用 Z 反变换从复频域变换到时域，完成对时域问题的求解。涉及的函数有 ztrans 函数和 iztrans 函数。

例 9-3 (1)求序列 $x_1(n)=[8+2(0.5)^n-9(0.75)^n]u(n)$，$x_2(n)=n^2u(n)$的 Z 变换；(2)求 $X_1(z)=\frac{z}{z-2}$，$X_2(z)=\frac{z^3+2z^2+1}{z(z-1)(z-0.5)}$的反变换。

解：MATLAB 源程序为

(1)
```
syms k n z
fn1=8+2*(0.5)^n-9*(0.75)^n;
Xz1=ztrans(fn1,n,z)
Xz2=ztrans(n^2,n,z)
```

运行结果：Xz1＝

```
(8*z)/(z - 1) + (2*z)/(z - 1/2) - (9*z)/(z - 3/4)
Xz2 =
    (z^2 + z)/(z - 1)^3
```

(2)
```
syms n z
Xz1= z/(z-2);
Xz2=(z^3+2*z^2+1)/(z*(z-1)*(z-0.5));
xn1=iztrans(Xz1)
xn2=iztrans(Xz2)
```

运行结果：xn1 ＝

```
        2^n
xn2=
    2*kroneckerDelta(n-1,0)-13*(1/2)^n+6*kroneckerDelta(n, 0)+8
```

xn2 等式意味着 $x_2(n)=2\delta(n-1)+6\delta(n)+[8-13(0.5)^n]u(n)$。

2. 系统函数

与连续 LTI 系统的复频域分析类似，离散系统零状态响应的 Z 变换与激励信号的 Z 变换之比也被称为系统函数，以 $H(z)$ 表示。系统函数 $H(z)$ 分母多项式之根构成极点，分子多项式的根构成零点。若 $H(z)$ 的极点落于单位圆内，则 $h(n)$ 的波形为衰减形式；若 $H(z)$ 的极点落在单位圆外，则 $h(n)$ 呈增长态势；落于单位圆上的一阶极点对应的 $h(n)$ 呈等幅震荡或阶跃序列；而单位圆上的二阶以及二阶以上的极点将使 $h(n)$ 呈增长形式。$H(z)$ 零点分布的情况只影响时域函数的幅度和相位；z 平面上的极点决定波形的变化模式。

系统函数 $H(z)$ 只能用于研究系统的零状态响应，$H(z)$ 包含了系统为零状态响应提供的全部信息。但是，它不一定包含零输入响应的全部信息，这是因为当 $H(z)$ 存在零极点相消时，某些固有频率要丢失，在零输入响应中要求表现出全部固有频率的作用。

例 9-4 已知 $H(z)=\frac{4z^{-1}}{4-9z^{-1}+2z^{-2}}$，画出 $H(z)$ 的零极点图，将其展开为部分分式，并求出 $h(n)$。

解：MATLAB 源程序为

```
b = [ 0, 4 ];
a = [ 4, -9, 2 ];
zplane( b, a )
legend( '零点', '极点' );
[ r p k ] = residuez( b, a )
```

MATLAB 运算结果为

```
r=                    p=                    k=
    0.5714                2.0000                []
   -0.5714                0.2500
```

MATLAB 输出图像如图 9-1 所示。

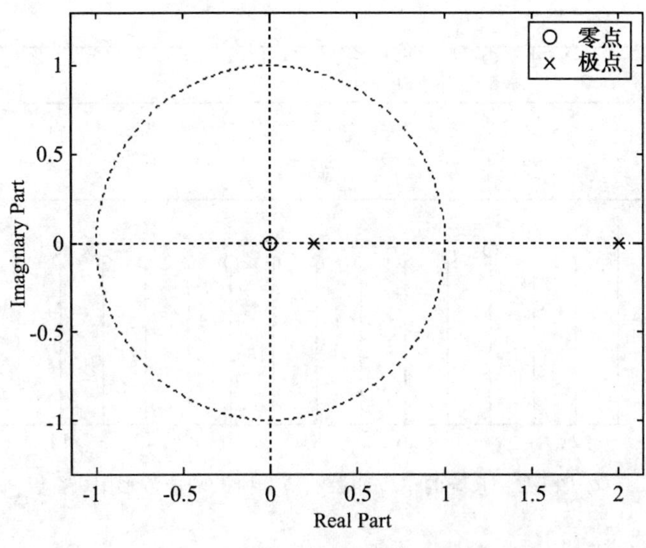

图 9-1　$H(z)$的零极点图

由上可知，$H(z)$分解为：

$$H(z)=\frac{0.5714}{1-2z^{-1}}+\frac{-0.5714}{1-0.25z^{-1}}$$

那么原函数 $h(n)=0.5714*2^n u(n)-0.5714*0.25^n u(n)$。系统函数 $H(z)$零极点分布图也可调用 pzmap 函数画出，调用方法同连续 LTI 零极点绘制方法。另外，单位阶跃响应也可以使用 MATLAB 的 dstep 指令。

例 9-5　已知一 LTI 系统的系统函数 $H(z)=\dfrac{3z^2-2z}{z^2-0.9z+0.25}$，试绘出其单位冲激响应和阶跃响应的波形图。

解：MATLAB 程序如下：

```
num=[3 -2 0];
den=[1 -0.9 0.25];
n=0:16;
h=impz(num,den,17);
subplot(2,1,1);
stem(n,h);
title('h(n)');
g=dstep(num,den,17);
subplot(2,1,2);
stem (n,g);
title('g(n)');
```

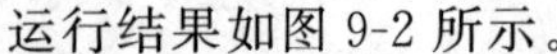

运行结果如图 9-2 所示。

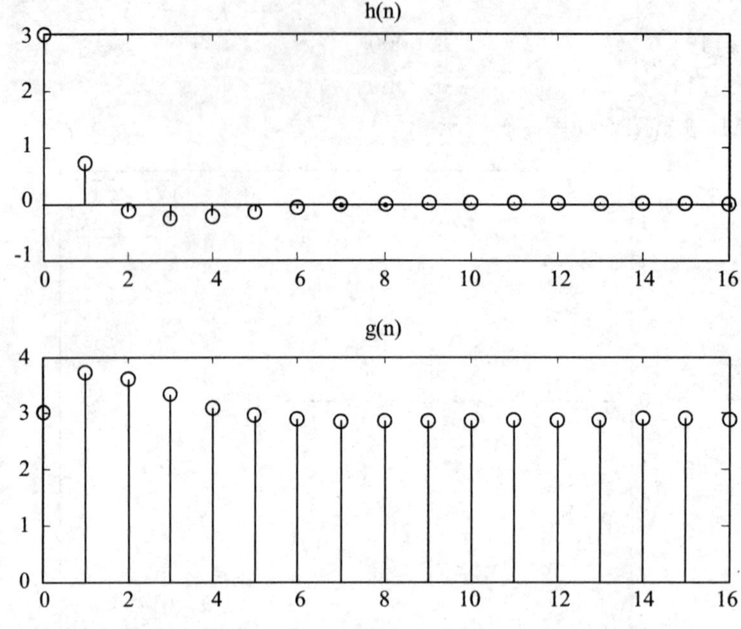

图 9-2　系统的单位冲激响应和阶跃响应波形图

3. 频响函数

MATLAB 可以用 freqz 指令来绘制系统的频率响应函数。如 LTI 离散系统的系统函数为：

$$H(z)=\frac{b_0+b_1z^{-1}+b_2z^{-2}+\cdots+b_Nz^{-N}}{a_0+a_1z^{-1}+a_2z^{-2}+\cdots+a_Nz^{-N}}$$

那么，产生频率响应函数的调用格式为：

$num=[b_0 \quad b_1 \quad \cdots \quad b_N \quad];$

$den=[a_0 \quad a_1 \quad \cdots \quad a_N \quad];$

$OMEGA=-pi:pi/150:pi;$

$H=freqz(num,den,OMEGA);$

$mag=abs(H);$

$phase=180/pi*unwrap(angle(H));$

例 9-6　设一 LTI 离散系统的系统函数为 $H(z)=\frac{1}{z-0.5}$，试绘制系统的频率响应函数。

解：$H(z)=\frac{1}{z-0.5}=\frac{z^{-1}}{1-0.5z^{-1}}$，则 MATLAB 程序如下：

```
num=[0 1];
den=[1 -0.5];
OMEGA=-pi:pi/150:pi;
H=freqz(num,den,OMEGA);
subplot(211),plot(OMEGA,abs(H));
subplot(212),plot(OMEGA, 180/pi*unwrap(angle(H)));
```

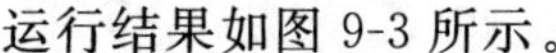
运行结果如图 9-3 所示。

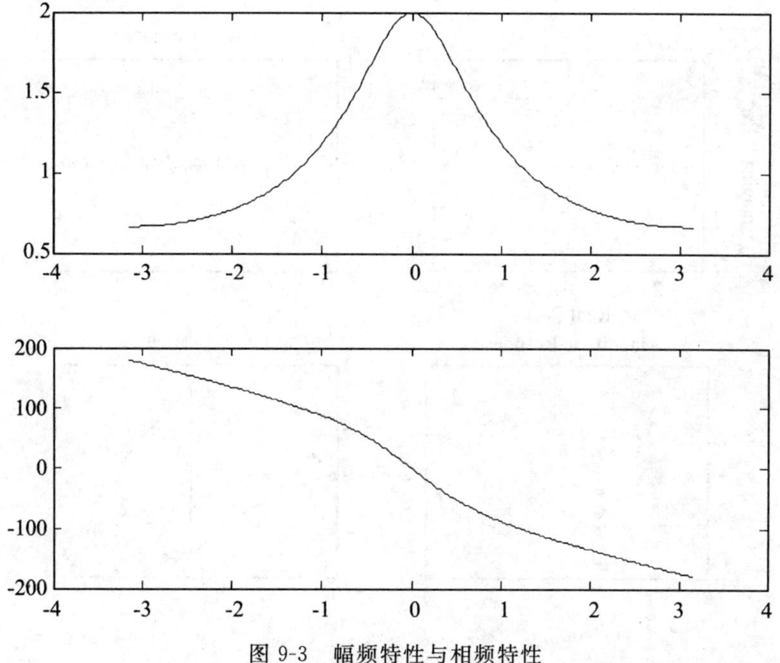

图 9-3　幅频特性与相频特性

例 9-7　已知离散系统的系统函数为 $H(z)=\dfrac{0.2+0.3z^{-1}+z^{-2}}{1+0.8z^{-1}+0.15z^{-2}}$，用 residue 函数将 H(z)展开为部分分式的形式，绘出其零、极点分布图；求系统的频率响应和单位脉冲响应，试编程实现。

解：MATLAB 程序如下：

```
b=[0.2 0.3 1];
a=[1 0.8 0.15];
[z,p,k]=residue(b,a);            %将H(z)展开为部分分式
figure;
subplot(221);
zplane(b,a);                     %绘其零、极点分布图
n=0:19;
hn=impz(b,a,n);                  %求单位脉冲响应
subplot(222);
stem(n,hn);
title('Impulse Response');
[H,w]=freqz(b,a);                %求系统的频率响应
subplot(223);
plot(w,abs(H));
xlabel('\omega');
title('Magnitude Response');
subplot(224);
plot(w,angle(H));
xlabel('\omega');
title('Phase Response');
```

运行结果如图 9-4 所示。

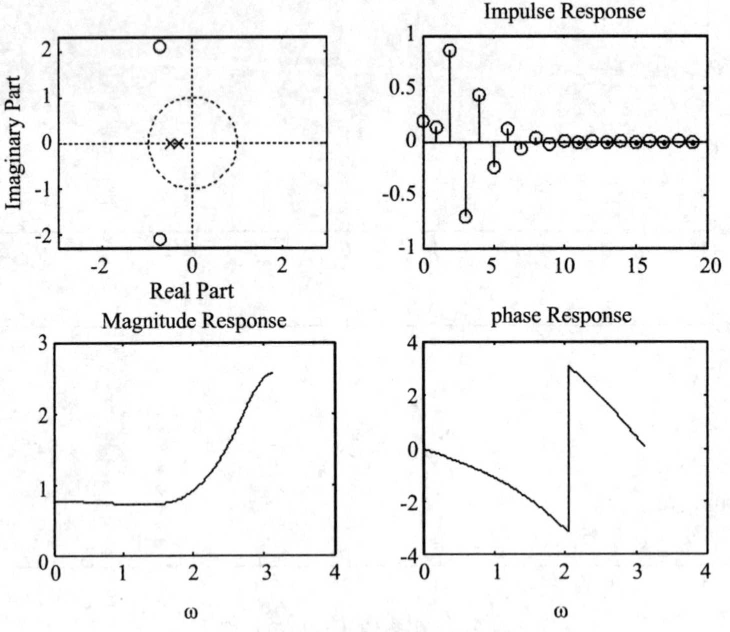

图 9-4　零极点图及冲激响应和频率响应

练习九

试用 MATLAB 命令,自行完成教材中的同类型习题。

实验 10　音频信号的时域,频域观测与分析

一、实验目的

学习运用 MATLAB 读入并分析音频信号。

二、实验设备

(1)计算机。
(2)MATLAB 软件。

三、实验内容

音频信号是一种连续变化的模拟信号,计算机只能处理和记录二进制的数字信号,由自然音源而得到的音频信号必须经过采样、量化和编码,变成二进制数据后才能送到计算机进行再编辑和存储。

例 10-1　用 MATLAB 命令将音频文件读入,图形展示音频信号,并进行微分及其频谱分析。

解:MATLAB 源程序为

```
clc;clear all;close all;
help soundfile

[x,fs]=wavread('d:\YES.wav');%用函数打开文件 获取声音信号的x采样数据 fs为采样频率
x=x(:,1);%由于x是双声道 故取它的左声道
n=length(x);%获取的x的采样点数
dt=1/fs;%求采样间隔
time=(0:n-1)*dt;%采样时间点
sound(x,fs);


figure(1)
plot(time,x);grid on
title('声音信号时域波形')
xlabel('时间');
axis([0,max(time),min(x),max(x)]);
```

```
X=fft(x,fs);%对采样信号做傅里叶分析 X是傅里叶变换
n=length(X);%获取X的点数
df=fs/n;%频域采样间隔
f=(0:1:n-1)*df;%频域采样点

absX=abs(X);angX=angle(X);%求幅度求相位
figure(2)
subplot(211);
plot(f,absX);grid on
title('声音信号幅度谱');
xlabel('频率');ylabel('幅度');
axis([0,max(f)/2,0,max(absX)]);
subplot(212);
plot(f,angX);grid on
title('声音信号相位谱');
xlabel('频率');ylabel('相位');
axis([0,max(f)/2,min(angX),max(angX)]);

disp('现对人声频率范围内的频谱图观察，请输入以下数据,为了观察方便随后图像均在该范围内显示')
fmin=input('请输入最低频率：');
fmax=input('请输入最高频率：');

figure(3)
subplot(211)
plot(f,absX);grid on
title('声音信号在人声频率范围内的幅度谱');
xlabel('频率');ylabel('幅度');
axis([fmin,fmax,0,max(absX)]);
subplot(212);
plot(f,angX);grid on
title('声音信号在人声频率范围内的相位谱');
xlabel('频率');ylabel('相位');
axis([fmin,fmax,min(angX),max(angX)]);

a=diff(x);
n=length(a);%获取的x的采样点数
dt=1/fs;%求采样间隔
time=(0:n-1)*dt;%采样时间点
sound(a,fs);
figure(4)
plot(time,a);grid on
title('信号微分后的波形');

A=fft(a,fs);
n=length(X);
df=fs/n;
f=(0:1:n-1)*df;
```

```
absA=abs(A);angA=angle(A);%求幅度求相位
figure(5)
subplot(211);
plot(f,absA);grid on
title('声音信号微分后的幅度谱');
xlabel('频率');ylabel('幅度');
axis([0,max(f)/2,0,max(absA)]);
subplot(212);
plot(f,angA);grid on
title('声音信号微分后的相位谱');xlabel('频率');ylabel('相位');
axis([0,max(f)/2,min(angA),max(angA)]);
```

运行结果如图 10-1 至图 10-5 所示。

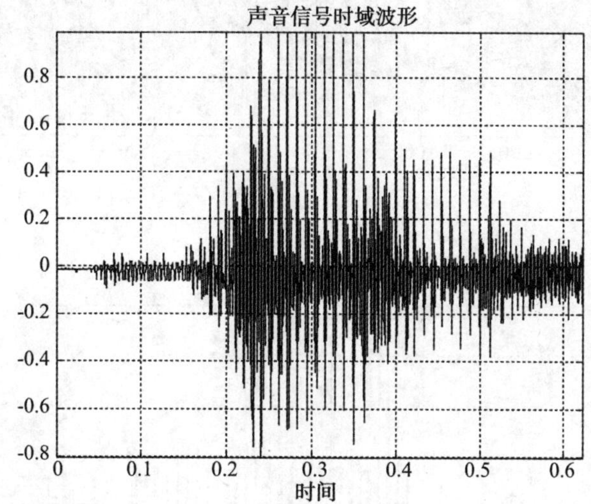

图 10-1　音频信号波形图

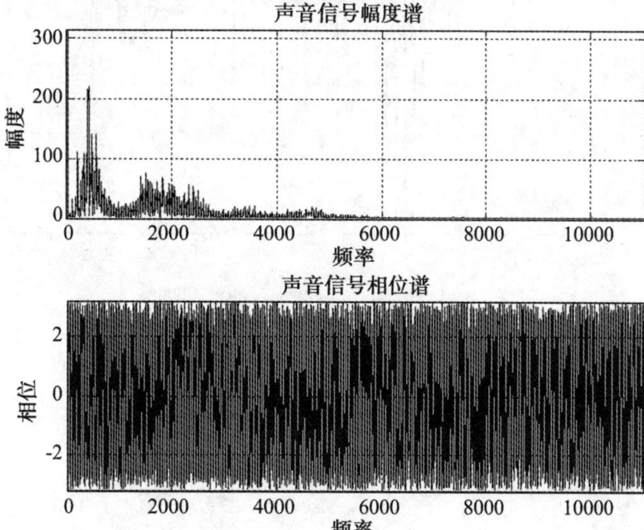

图 10-2　声音信号的频谱图

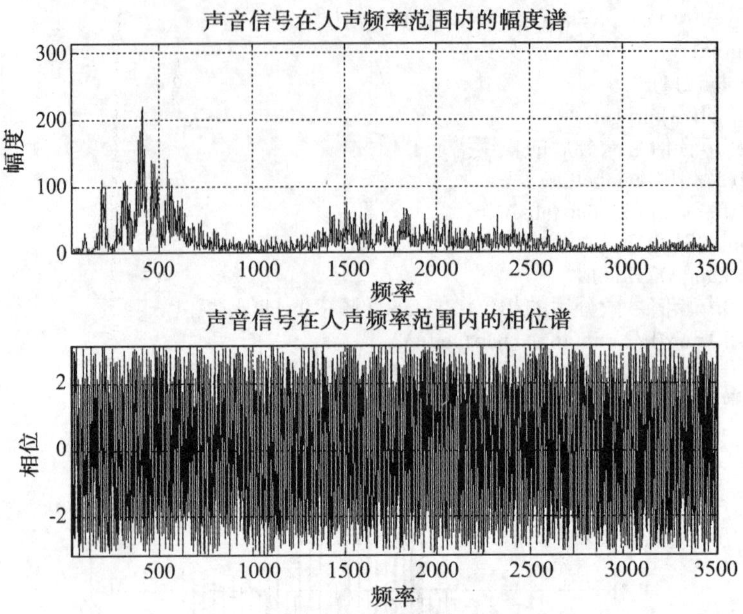

图 10-3　音频信号在 20～3500Hz 的频谱图

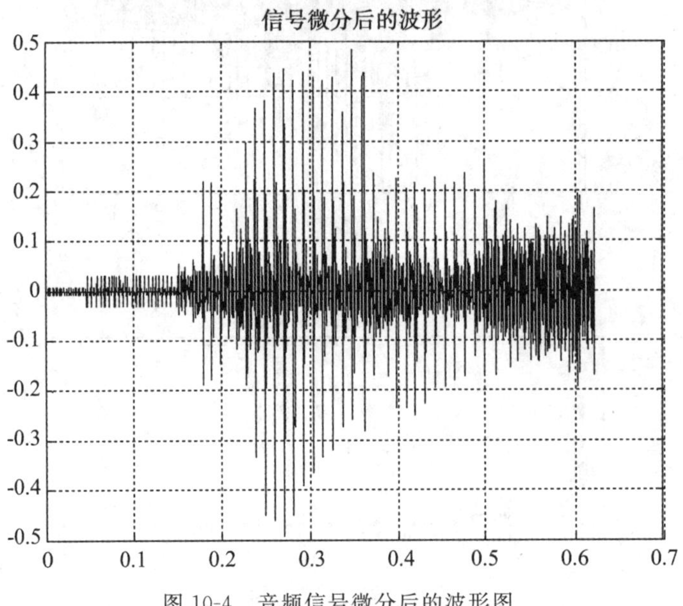

图 10-4　音频信号微分后的波形图

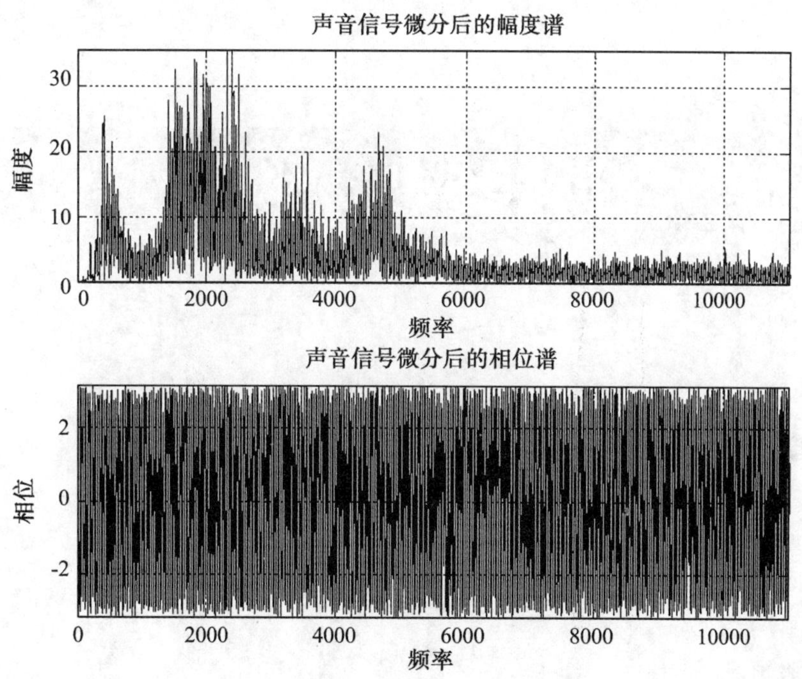

图 10-5 音频信号微分后的频谱图

练习十

1. 试用 MATLAB 读入一段声音信号，观察其幅频特性和相频特性，并分别设计实现。

(1)对声音信号时域压缩，观察其幅频特性的变化。

(2)对声音信号时域扩展，观察其幅频特性的变化。

2. 试用 MATLAB 读入一幅图像，观察其幅频特性和相频特性，并分别设计实现。

(1)仅由图像频谱的幅度谱恢复图像。

(2)仅由图像频谱的相位特性恢复图像。

硬件实验部分

实验规程和基本要求

一、实验预习

学生应对本课程所有的实验进行预习，具体的要求是：

(1)了解实验的基本内容、原理、步骤方法及注意事项。

(2)根据需要，初步编制好实验的程序，绘制好实验流程图。

(3)做好实验前的一些准备工作，如查阅有关手册、资料，画好实验记录的表格等。

经验证明，做好实验预习对保证实验效果、提高实验效率、减少实验事故发生有着极其重要的作用，应引起充分重视。教师应进行预习的布置，提出具体要求(如是否要求写好预习报告)，并应在实验开始前进行检查(可抽查)，没有预习的学生不具备参加实验的资格。

二、实验准备

在进行实验操作之前，还应做好以下准备工作：

(1)了解实验室的规章制度，特别是第一次做实验，应认真听取老师讲解实验室的制度、操作规程和安全规则。

(2)了解实验室的布置，如实验桌上电源，仪表的种类、布置，电源开关的位置等。

(3)核对实验室提供的实验设备和器材是否齐全、符合要求。

三、实验操作与记录

(1)要按照规定的实验步骤进行操作，特别是一些操作要严格按照规范的要求(如电源和 I/O 接线的方法;电源开关的顺序等)，这是保证实验效果、降低设备故障和实验事故发生率的前提，也有助于培养科学的工作作风和严格认真的工作态度。

(2)实验操作应循序渐进，不要急于求成。例如刚开始操作编程器输入指令还不够熟练，可以每输入一条指令在指令表(或梯形图)上做一个记号，防止错、漏。这也有助于掌握操作方法，培养工作的条理性。

(3)应注意做好实验记录，包括实验数据、实验现象，以及在实验中出现的问题和处理的方法步骤。这是培养实验能力很重要的一个方面。

(4)在实验操作过程中，应注意与同组同学的合作，做到合理分工、相互协助，这有助于提高实验质量和效率，并培养团结合作的精神。

四、实验结束工作

完成实验的内容后，应做好以下工作：

(1)首先应自己进行检查，检查实验的内容、记录是否完整、合理、正确，有无遗漏。

(2)然后由指导教师检查，在取得老师的认可后才能结束实验。

(3)整理实验设备，做好清洁，并经签字交接后才能离开实验室。这些都是作为一个工程技术人员必须具备的基本素质，不要轻视，应逐步培养。

五、实验报告

完成实验后，应及时整理实验记录，撰写实验报告，实验报告的具体内容可按照各个实验的要求，基本的格式和内容是：

(1)专业：　　　　　班级：　　　　　学号：　　　　　姓名：

(2)实验题目和实验原理：对本实验涉及的基础理论、工作原理可进行简单的、概括性的叙述。

(3)实验设备：应详细记录实验中实际使用的设备，器材的型号、规格、数量。

(4)实验内容和步骤：包括对实验过程、数据、现象、发生问题和解决方法的记录，还包括实验的电路图、程序表等。

(5)对实验结果的分析和问题讨论，包括如下内容：

①对实验结果(数据、现象)的分析。

②对实验中发生问题、处理方法的分析，实验教训的总结。

③回答问题(如老师提出的问题解答)，应注意结合所学的基础理论知识，将在实验中获得的感性认识进行理论上的分析探讨，以求上升到理性认识的高度。

④对本次实验的总体认识、体会、有无意见和建议等。

写好实验报告，不仅是保证实验教学效果的基本要求，而且对于今后在工作中提高整理技术资料、总结工作经验、撰写科研论文的能力很有帮助。在撰写实验报告时，应做到内容完整、书写工整、文字和作图规范。还应遵循严肃认真、实事求是的科学态度，如有引用的理论依据、计算公式或一些系数的选取等，应注明出处。如果是来自实验的结果或本人的见解，也应予以注明。

实验 11　常见信号观察实验

一、实验目的

(1)观察和测量各种典型信号。

(2)掌握有关信号的重要特性,了解其在信号与系统分析中的应用。

二、实验设备

(1)双踪示波器 1 台。

(2)信号系统实验箱 1 台。

三、实验原理说明

在信号与系统中,有以下典型信号:①正弦函数信号;②指数函数信号;③指数衰减振荡函数信号;④抽样函数信号;⑤钟形函数信号。

正弦函数信号的函数式为:

$$f(t)=k\sin(\omega t+\theta)$$

其波形如图 11-1 所示。

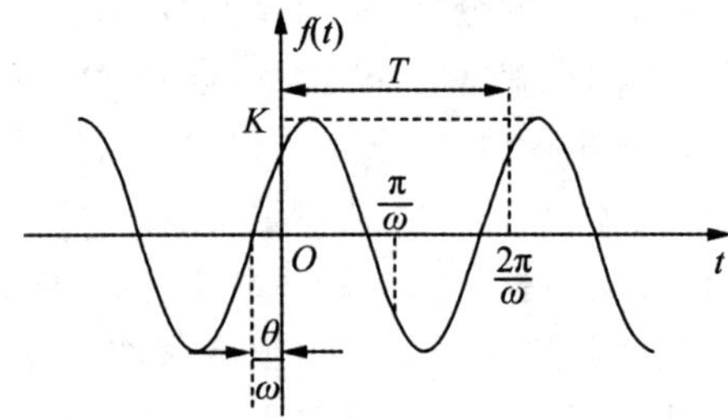

图 11-1　正弦函数信号

单边指数信号的函数式为:

$$f(t)=\begin{cases}0, & t<0 \\ Ae^{at}, & t>0\end{cases}$$

其波形如图 11-2 所示。其中 a 为实常数,可大于、等于、小于零。

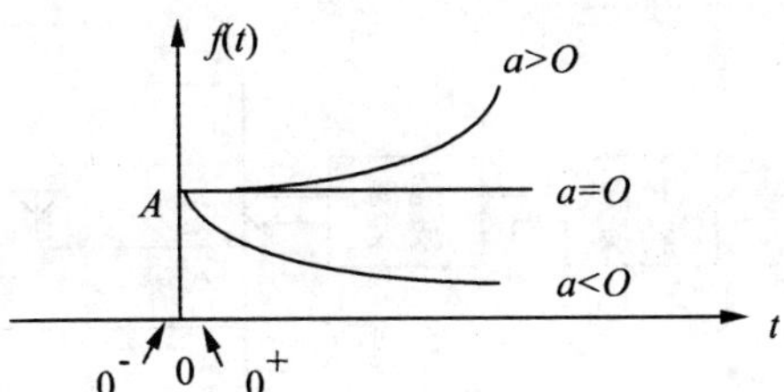

图 11-2　单边指数信号

指数衰减振荡函数信号指振幅按指数规律衰减的正弦信号，其函数式为：

$$f(t)=\begin{cases}Ae^{at}\sin\omega t, & t\geqslant 0\\ 0, & t\leqslant 0\end{cases}$$

其图形如图 11-3 所示。其中 a 为大于零的实常数。

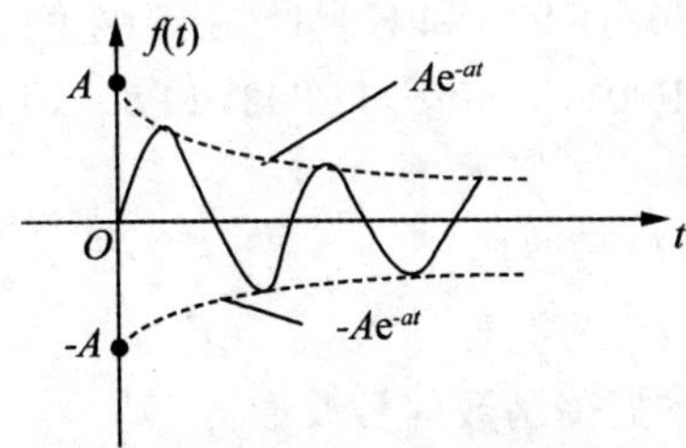

图 11-3　单边衰减正弦信号

抽样函数信号是由 $\sin t$ 与 t 两个函数之比构成的信号，其函数表达式为：

$$Sa(t)=\frac{\sin t}{t}$$

其图形如图 11-4 所示。

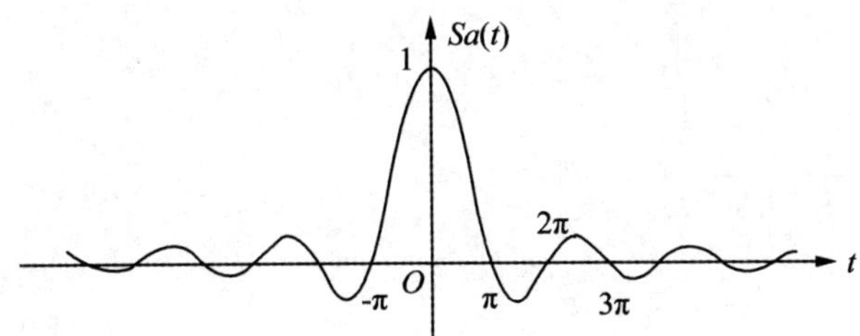

图 11-4　抽样函数信号

钟形信号的函数表达式为：

$$f(t)=Ee^{-(\frac{t}{\tau})^2}$$

其图形如图 11-5 所示。

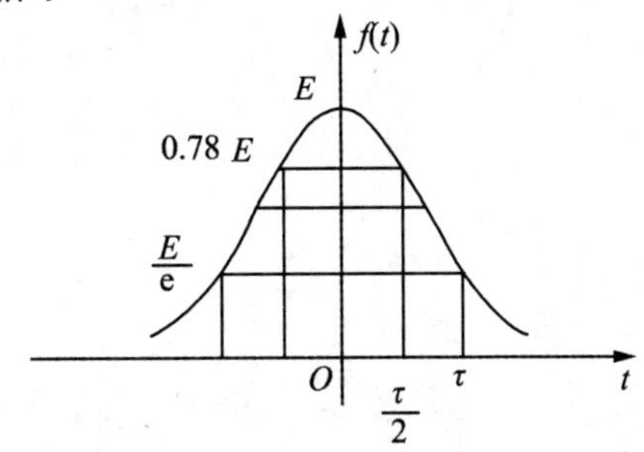

图 11-5　钟形函数信号

四、实验内容

波形产生原理框图如图 11-6 所示。

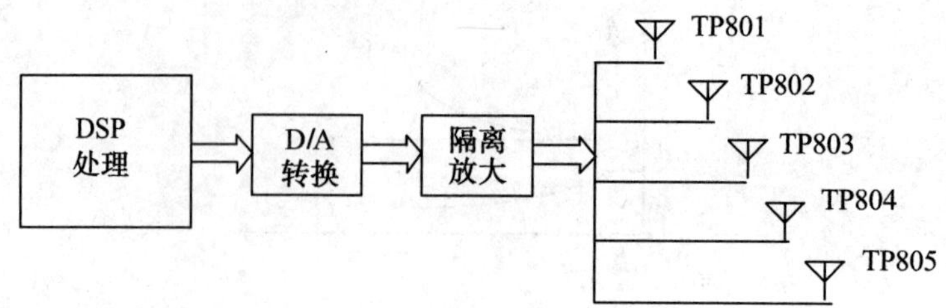

图 11-6　波形产生原理图

五、实验步骤

(1)打开实验箱，调节 SW101(程序选择)按钮，使程序指示灯显示 D3D2D1D0＝0001，对应信号观测(实验箱上电时默认 D3D2D1D0＝0001，因此不用调节)。

(2)将跳线开关 K801，K802，K803 和 K804 连接到左侧。

(3)用示波器分别测量 TP801，TP802，TP803，TP804，TP805 的波形，并记录下来。

测试点说明如下：

(1)TP801：测试正弦函数信号波形。

(2)TP802：测试指数函数信号波形。

(3)TP803：测试指数衰减振荡函数信号波形。

(4)TP804：测试抽样函数信号波形。

(5)TP805：测试钟形函数信号波形。

六、实验报告要求

测量 TP801～TP805 的波形，并绘出一个周期的函数信号波形。

实验 12 抽样定理与信号恢复

一、实验目的

(1)观察离散信号频谱,了解其频谱特点。

(2)验证抽样定理并恢复原信号。

二、实验设备

(1)双踪示波器 1 台。

(2)信号系统实验箱 1 台。

(3)频率计 1 台。

三、实验原理说明

1. 离散信号不仅可从离散信号源获得,而且也可从连续信号抽样获得。抽样信号 $F_S(t)=F(t)\cdot S(t)$,其中 $F(t)$为连续信号(例如三角波),$S(t)$是周期为 T_S 的矩形窄脉冲。T_S 又称抽样间隔,$F_S=\dfrac{1}{T_S}$称抽样频率,$F_S(t)$为抽样信号波形。$F(t)$、$S(t)$、$F_S(t)$波形如图 12-1 所示。

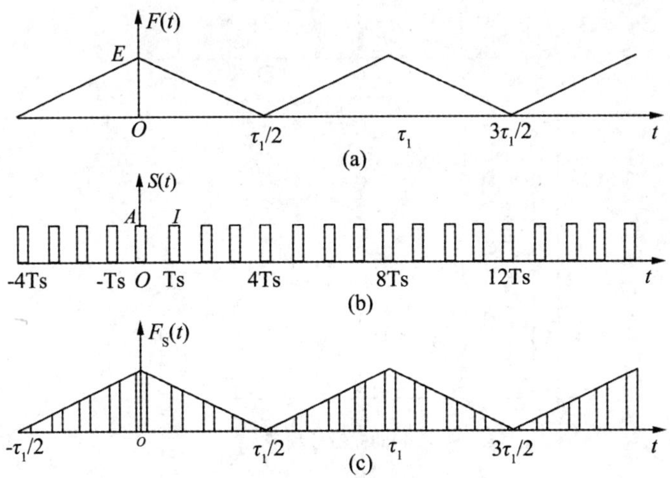

图 12-1 连续信号抽样过程

将连续信号用周期性矩形脉冲抽样而得到抽样信号，可通过抽样器来实现，实验原理电路如图 12-2 所示。

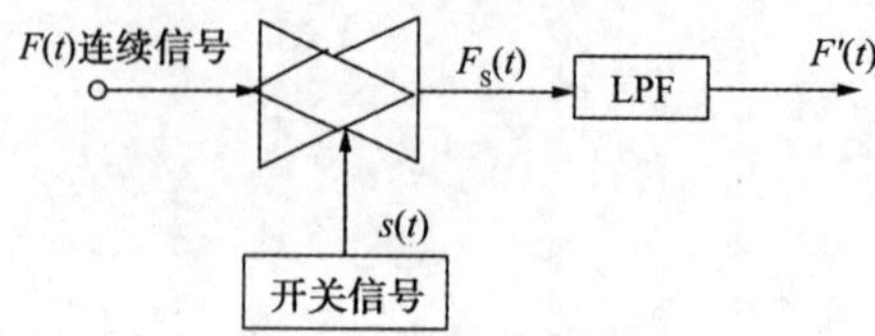

图 12-2　信号抽样实验原理图

2. 连续周期信号 $F(t)$经周期矩形脉冲抽样后，抽样信号的频谱：

$$F_S(j\omega)=\frac{A\tau}{T_S}\sum_{m=-\infty}^{\infty}Sa\left(\frac{m\omega_S\tau}{2}\right)\cdot F(\omega-m\omega_S)$$

它包含了原信号频谱以及重复周期为 $f_S(f_S=\frac{\omega_S}{2\pi})$、幅度按$\frac{A\tau}{T_S}Sa\left(\frac{m\omega_S\tau}{2}\right)$规律变化的原信号频谱，即抽样信号的频谱是原信号频谱的周期性延拓。因此，抽样信号占有的频带比原信号频带宽得多。

以三角波被矩形脉冲抽样为例。三角波的频谱：

$$F(j\omega)=E\pi\sum_{k=-\infty}^{\infty}Sa^2\left(\frac{k\pi}{2}\right)\delta\left(\omega-k\frac{2\pi}{\tau_1}\right)$$

抽样信号的频谱：

$$F_S(j\omega)=\frac{EA\tau\pi}{T_S}\sum_{\substack{k=-\infty\\ m=-\infty}}^{\infty}Sa\left(\frac{m\omega_S\tau}{2}\right)\cdot Sa^2\left(\frac{k\pi}{2}\right)\cdot\delta(\omega-k\omega_1-m\omega_S)$$

式中 $\omega_1=\frac{2\pi}{\tau_1}$或 $f_1=\frac{1}{\tau_1}$。

取三角波的有效带宽为 $3\omega_1$，$f_S=8f_1$ 作图，其抽样信号频谱如图 12-3 所示。

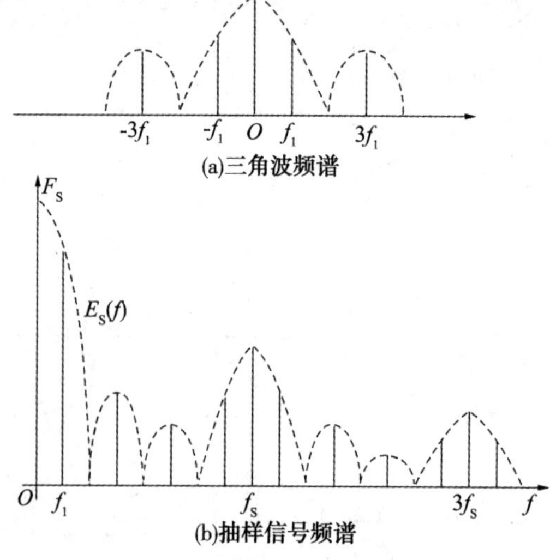

图 12-3　抽样信号频谱图

如果离散信号是由周期连续信号抽样而得，则其频谱的测量与周期连续信号方法相同，但应注意频谱的周期性延拓。

3. 抽样信号在一定条件下可以恢复出原信号，其条件是 $f_S \geqslant 2B_F$，其中 f_S 为抽样频率，B_F 为原信号占有频带宽度。由于抽样信号频谱是原信号频谱的周期性延拓，因此，只要通过一截止频率为 f_C（$f_M \leqslant f_C \leqslant f_S - f_M$，$f_M$ 是原信号频谱中的最高频率）的低通滤波器就能恢复出原信号。

如果 $f_S < 2B_F$，则抽样信号的频谱将出现混迭，此时将无法通过低通滤波器获得原信号。

在实际信号中，仅含有有限频率成分的信号是极少的，大多数信号的频率成分是无限的，并且实际低通滤波器在截止频率附近频率特性曲线不够陡峭（如图 12-4 所示），若使 $f_S < 2B_F$，$f_C = f_M = B_F$，恢复出的信号难免有失真。为了减小失真，应将抽样频率 f_S 取高（$f_S > 2B_F$），低通滤波器满足 $f_M < f_C < f_S - f_M$。

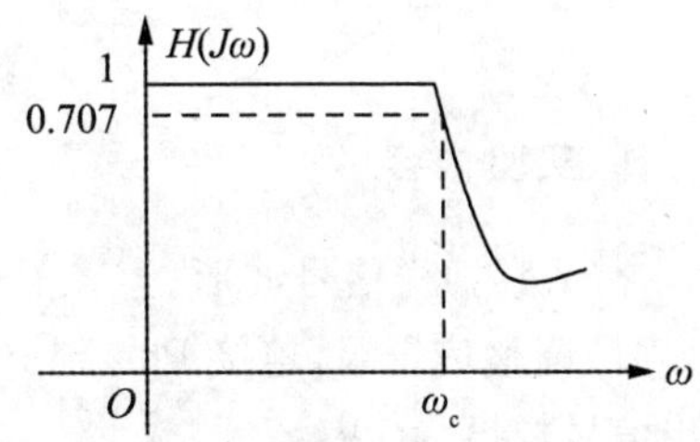

图 12-4　实际低通滤波器在截止频率附近频率特性曲线

为了防止原信号的频带过宽而造成抽样后频谱混迭，实验中常采用前置低通滤波器滤除高频分量，如图 12-5 所示。若实验中选用原信号频带较窄，则不必设置前置低通滤波器。

本实验采用有源低通滤波器，如图 12-6 所示。若给定截止频率 f_C，并取 $Q = \frac{1}{\sqrt{2}}$（为避免幅频特性出现峰值），$R_1 = R_2 = R$，则：

$$C_1 = \frac{Q}{\pi f_C R}$$

$$C_2 = \frac{1}{4\pi f_C Q R}$$

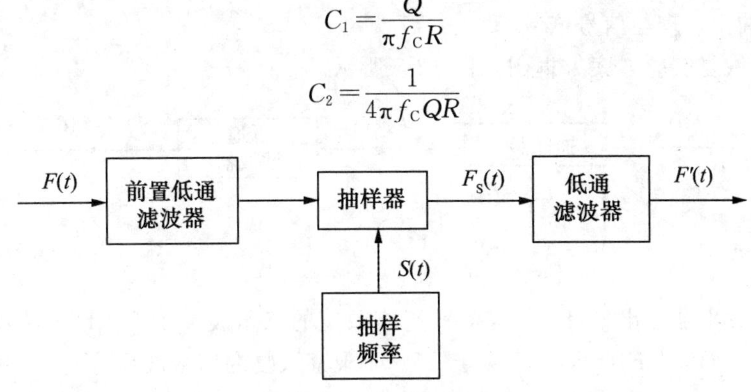

图 12-5　信号抽样流程图

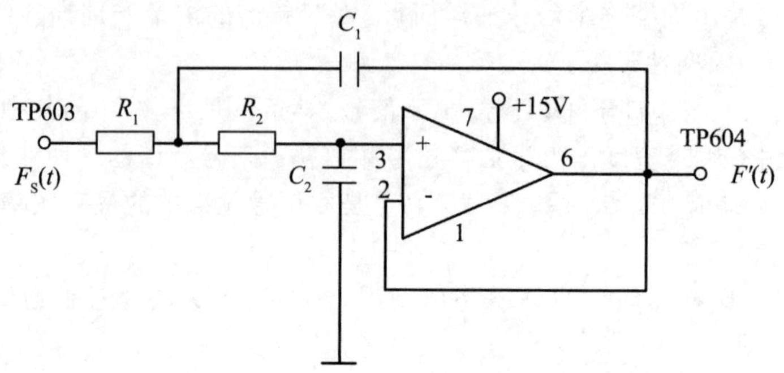

图 12-6　有源低通滤波器实验电路图

四、实验内容

1. 观察抽样信号波形。

(1)调整信号源,连接 P04 到 P01,使 P04 输出 1kHz 的三角波,调节电位器 W701,使输出信号幅度为 1V。

(2)连接 P04 与 P601,输入抽样原始信号。

(3)连接 P01 到 P602 输入抽样脉冲,改变抽样脉冲的频率,用示波器观察 TP603 ($F_S(t)$)的波形,此时需把拨动开关 K601 拨到"空"位置进行观察。

(4)使用不同的抽样脉冲频率(1kHz～5kHz),观察信号的变化。

注意:调整抽样脉冲频率方法:将 SS702 信号选择按钮打到 PWM 信号灯,此时调的频率就是抽样脉冲的频率。不过换抽样脉冲频率后,SS702 信号按钮还要旋到三角波位置,然后观察该抽样脉冲频率下的抽样信号波形。

2. 验证抽样定理与信号恢复

(1)信号恢复实验方案方框图如图 12-7 所示。

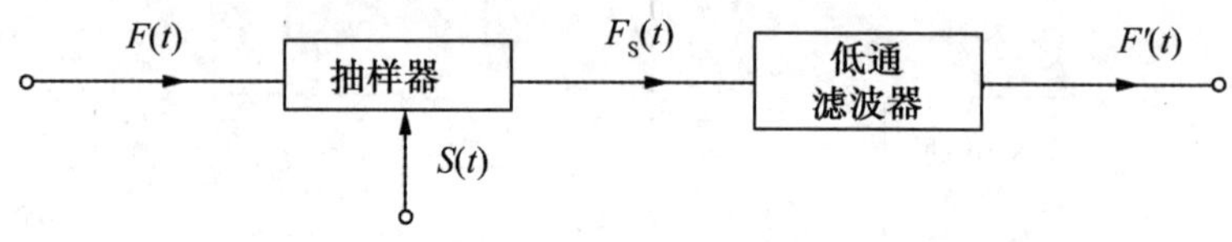

图 12-7　信号恢复实验方框图

(2)信号发生器输出 $f=1\text{kHz}$,$A=1\text{V}$ 有效值的三角波接于 P601,示波器 CH1 接于 TP603 观察抽样信号 $F_S(t)$,CH2 接于 TP604 观察恢复的信号波形。

(3)拨动开关 K601 拨到"2K"位置,选择截止频率 $f_{C2}=2\text{kHz}$ 的滤波器;拨动开关 K601 拨到"4K"位置,选择截止频率 $f_{C2}=4\text{kHz}$ 的滤波器;此时在 TP604 可观察恢复的信号波形。

(4)拨动开关 K601 拨到"空"位置,未接滤波器。同学们可按照图 12-8,在基本运算单元搭试截止频率 $f_{C1}=2\text{K}$ 的低通滤波器,抽样输出波形 P603 送入 U_i 端,恢复波形在 U_o 端测量,图中电阻可用电位器代替,进行调节。

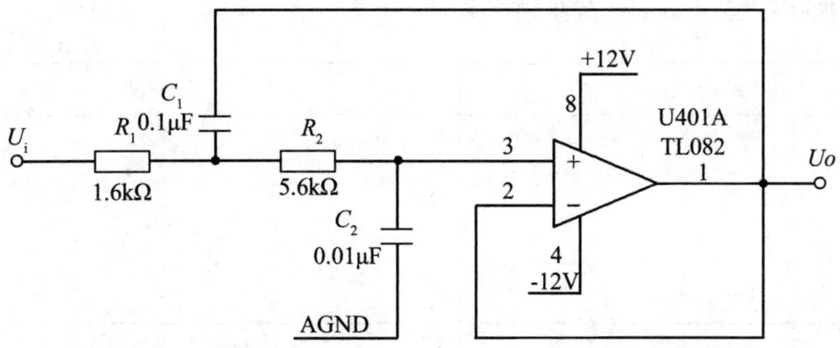

图 12-8 截止频率为 2kHz 的低通滤波器原理图

(5)设 1kHz 的三角波信号的有效带宽为 3kHz，$F_S(t)$信号分别通过截止频率为 f_{C1} 和 f_{C2} 低通滤波器，观察其原信号的恢复情况，并完成下列观察任务。

1. 当抽样频率为 3kHz、截止频率为 2kHz 时：

$F_S(t)$的波形	$F'(t)$波形

2. 当抽样频率为 6kHz、截止频率为 2kHz 时：

$F_S(t)$的波形	$F'(t)$波形

3. 当抽样频率为 12kHz、截止频率为 2kHz 时：

$F_S(t)$的波形	$F'(t)$波形

4. 当抽样频率为 3kHz、截止频率为 4kHz 时：

$F_S(t)$的波形	$F'(t)$波形

5. 当抽样频率为 6kHz、截止频率为 4kHz 时：

$F_S(t)$的波形	$F'(t)$波形

6. 当抽样频率为 12kHz、截止频率为 4kHz 时：

$F_S(t)$的波形	$F'(t)$波形

五、实验报告要求

(1)整理数据，正确填写表格，总结离散信号频谱的特点。

(2)整理在不同抽样频率(三种频率)情况下，$F(t)$与 $F'(t)$波形，比较后得出结论。

(3)比较 $F(t)$分别为正弦波和三角波，其 $F_S(t)$的频谱特点。

六、思考题

(1)分析在同一抽样频率条件下截止频率为 2kHz 和 4kHz 时恢复信号波形不同的原因。

(2)当抽样频率增大时，恢复的波形为什么更接近于原始信号？

实验 13　信号卷积实验

一、实验目的

(1)理解卷积的概念及物理意义。

(2)通过实验的方法加深对卷积运算的图解方法及结果的理解。

二、实验设备

(1)信号与系统实验箱 1 台。

(2)双踪示波器 1 台。

三、实验原理说明

卷积积分的物理意义是将信号分解为冲激信号之和,借助系统的冲激响应,求解系统对任意激励信号的零状态响应。设系统的激励信号为 $x(t)$,冲激响应为 $h(t)$,则系统的零状态响应为 $y(t)=x(t)*h(t)=\int_{-\infty}^{\infty} x(t)h(t-\tau)\mathrm{d}\tau$。

对于任意两个信号 $f_1(t)$和 $f_2(t)$,两者做卷积运算定义为:

$$f_1(t)=\int_{-\infty}^{\infty} f_1(t)f_2(t-\tau)\mathrm{d}\tau=f_1(t)*f_2(t)=f_2(t)*f_1(t)$$

1. 两个矩形脉冲信号的卷积过程

两信号 $x(t)$与 $h(t)$都为矩形脉冲信号,如图 13-1 所示。下面由图解的方法(图 13-1)给出两个信号的卷积过程和结果,以便与实验结果进行比较。

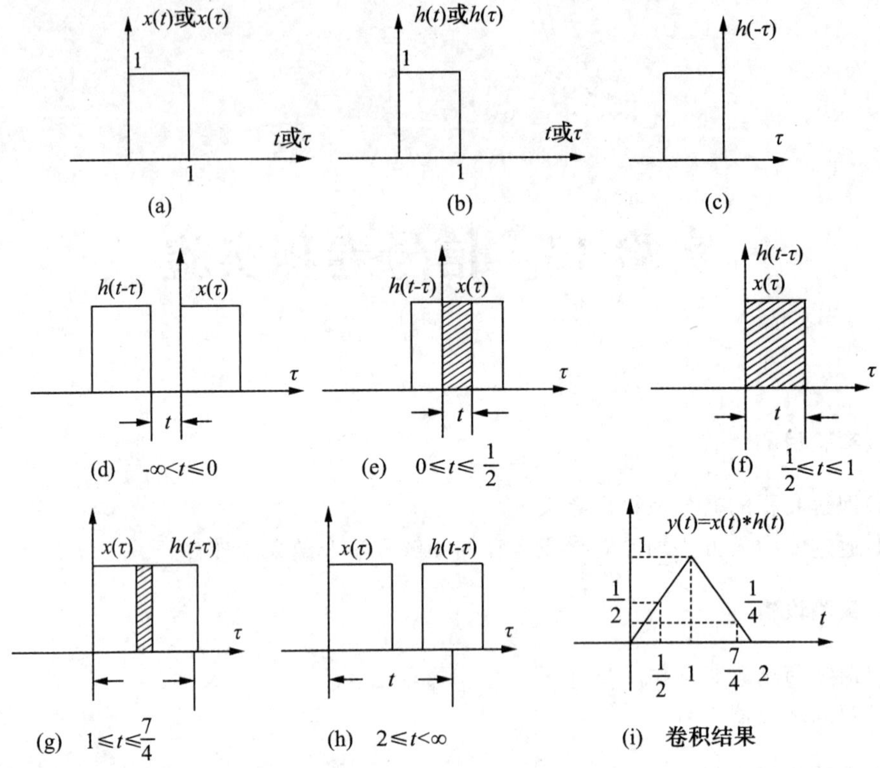

图 13-1　两矩形脉冲的卷积积分的运算过程与结果

2. 矩形脉冲信号与锯齿波信号的卷积

信号 $f_1(t)$为矩形脉冲信号，$f_2(t)$为锯齿波信号，如图 13-2 所示。根据卷积积分的运算方法得到 $f_1(t)$和 $f_2(t)$的卷积积分结果 $f(t)$，如图 13-2(c)所示。

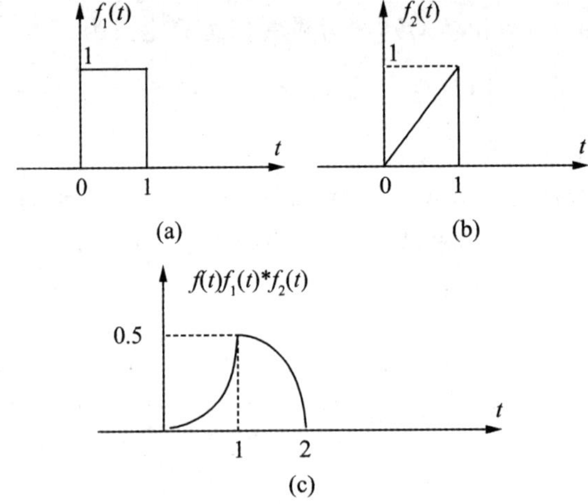

图 13-2　矩形脉冲信号与锯齿脉冲信号的卷积积分的结果

3. 本实验进行的卷积运算的实现方法

在本实验装置中采用了 DSP 数字信号处理芯片，因此在处理模拟信号的卷积积分运算时，是先通过 A/D 转换器把模拟信号转换为数字信号，利用所编写的相应程序控制 DSP 芯片实现数字信号的卷积运算，再把运算结果通过 D/A 转换为模拟信号输出。结果与模拟信号的直接运算结果是一致的。数字信号处理系统逐步和完全取代模拟信号处理系统是科学技术发展的必然趋势。图 13-3 为信号卷积的流程图。

图 13-3　信号卷积的流程图

四、实验内容

1. 矩形脉冲信号的自卷积

实验中将输入的矩形脉冲信号完成自卷积运算，并将卷积后信号输出。

实验步骤：

(1)连接 P04 和 P101。

(2)调节信号源为脉冲信号，使 P04 输出 $f=1\text{kHz}$，按下 SS702 按钮，并旋转 SS702 按钮使占空比为 50% 的脉冲信号，调节 W701 使信号幅度为 4V(这个 4V 一般在调节的时候很难达到，而且接近 4V 时脉冲的高低电平有些失真)。

(3)按下 SW101 按钮，使程序指示灯 D3D2D1D0=0011，指示灯对应自卷积。

(4)将示波器的 CH1 接于 P04，CH2 接于 TP801，分别观察输入信号的 $f_1(t)$ 波形与卷积后的输出信号 $f_1(t)*f'_1(t)$ 的波形。

(5)按下 SS702，使频率表右侧 t/T 指示灯亮，之后逆时针旋转 SS702，调节 P04 输出信号的占空比，改变激励信号的脉宽，观测卷积后波形，记入到表 13-1 中。

(6)对比不同脉宽下，卷积后波形的差别，结合实际理解原因。

注意：为了便于观察，输入信号实际为无限长度的周期信号，但是这对自卷积来讲是不现实的，因此在实验中 $f'_1(t)$ 其实只取了脉冲的一个周期长度。

表 13-1　输入信号卷积后的输出信号

	输入信号 $f_1(t)$	输出信号 $f_1(t)*f'_1(t)$
脉冲宽度(μs)	500	
脉冲宽度(μs)	250	
脉冲宽度(μs)	125	

2. 信号与系统卷积

实验中完成将输入的矩形脉冲信号与系统的锯齿波信号完成卷积运算，并将卷积后信号输出。

实验步骤：

(1)连接 P04 和 P101。

(2)调节信号源，使 P04 输出 f=1kHz，占空比为 50%的脉冲信号，调节 W701 使信号幅度为 4V。

(3)按下 SW101 按钮，使程序指示灯 D3D2D1D0=0100，指示灯对应系统卷积。

(4)将示波器的 CH1 接于 TP801，CH2 接于 TP802，分别观察锯齿波信号 $f_2(t)$波形与卷积后的输出信号 $f_1(t)*f_2(t)$的波形。

(5)按下 SS702，使频率表右侧 t/T 指示灯亮，之后旋转 SS702，调节 P04 输出信号的占空比，改变激励信号的脉宽，观测卷积后波形，记录到表 13-2 中。

(6)对比不同脉宽下，卷积后波形的差别，结合实际理解原因。

表 13-2　　输入信号和卷积后的输出信号

输入信号 $f_1(t)$	$f_2(t)$锯齿波	输出信号 $f_1(t)*f'_1(t)$
脉冲宽度(μs)	500	
脉冲宽度(μs)	250	
脉冲宽度(μs)	125	

五、实验结果

(1)矩形脉冲信号自卷积结果。

(2)信号与系统卷积结果。

六、思考题

(1)卷积的物理意义是什么？

(2)什么是“占空比”？

(3)为什么脉冲信号的幅值会随着占空比的减小而减小？幅值减小后的卷积结果和幅值增大后的卷积结果是不一样的，为什么？

实验 14　矩形脉冲的分解

一、实验目的

(1)分析典型的矩形脉冲信号,了解矩形脉冲信号谐波分量的构成。

(2)观察矩形脉冲信号通过多个数字滤波器后,分解出各谐波分量的情况。

二、实验设备

(1)信号与系统实验箱 1 台。

(2)双踪示波器 1 台。

(3)毫伏表 1 台。

三、实验原理

1. 信号的频谱与测量

信号的时域特性和频域特性是对信号的两种不同的描述方式。对于一个时域的周期信号 $f(t)$,只要满足狄利克莱(Dirichlet)条件,就可以将其展开成三角形式或指数形式的傅里叶级数。

例如,对于一个周期为 T 的时域周期信号 $f(t)$,可以用三角形式的傅里叶级数求出它的各次分量,在区间($t_1 \sim t_1 + T$)内表示为:

$$f(t) = a_0 + \sum_{n=1}^{\infty}(a_n \cos n\Omega t + b_n \sin n\Omega t)$$

即将信号分解成直流分量及许多余弦分量和正弦分量,研究其频谱分布情况。

信号的时域特性与频域特性之间有着密切的内在联系,这种联系可以用图 14-1 来形象地表示。其中图 14-1(a)是信号在幅度—时间—频率三维坐标系统中的图形。图 14-1(b)是信号在幅度—时间坐标系统中的图形即波形图;把周期信号分解得到的各次谐波分量按频率的高低排列,就可以得到频谱图。反映各频率分量幅度的频谱称为振幅频谱。图 14-1(c)是信号在幅度—频率坐标系统中的图形即振幅频谱图。反映各分量相位的频谱称为相位频谱。在本实验中只研究信号振幅频谱。周期信号的振幅频谱有三个性质:离散性、谐波性、收敛性。测量时利用了这些性质。从振幅频谱图上,可以直观地看出各频率分量所占的比重。测量方法有同时分析法和顺序分析法。

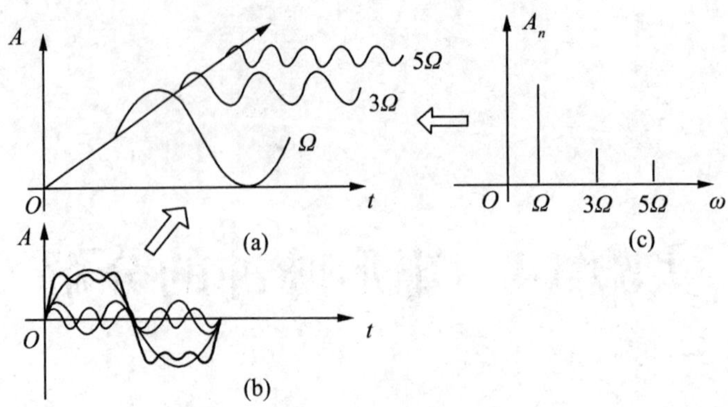

图 14-1 信号的时域特性和频域特性

同时分析法的基本工作原理是利用多个滤波器，把它们的中心频率分别调到被测信号的各个频率分量上。当被测信号同时加到所有滤波器上，中心频率与信号所包含的某次谐波分量频率一致的滤波器便有输出。在被测信号发生的实际时间内可以同时测得信号所包含的各频率分量。在本实验中采用同时分析法进行频谱分析，如图 14-2 所示。

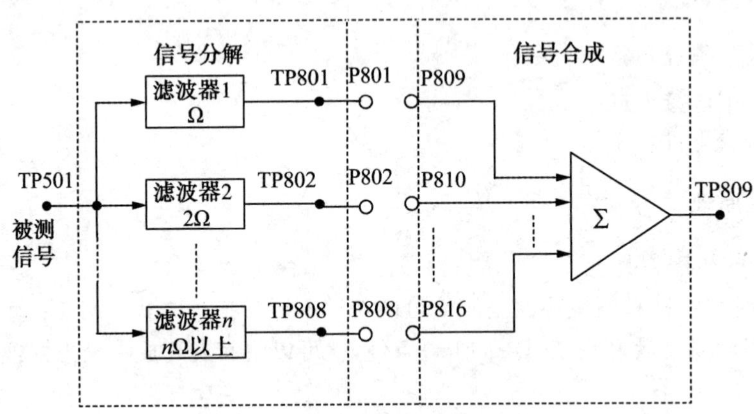

图 14-2 用同时分析法进行频谱分析

其中，P801 出来的是基频信号，即基波；P802 出来的是二次谐波；P803 的是三次谐波，以此类推。

2. 矩形脉冲信号的频谱

一个幅度为 E，脉冲宽度为 τ，重复周期为 T 的矩形脉冲信号，如图 14-3 所示。

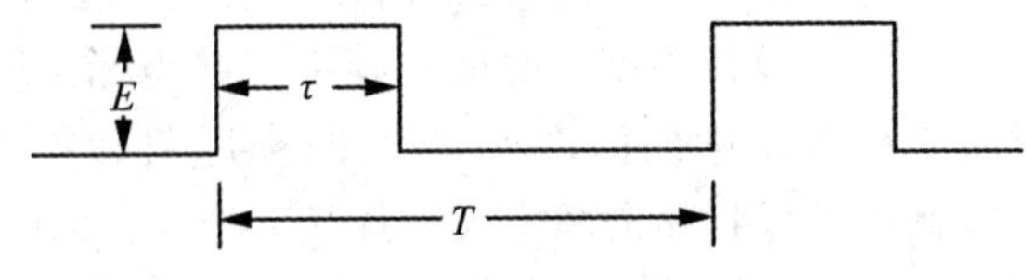

图 14-3 周期性矩形脉冲信号

其傅里叶级数为：

$$f(t)=\frac{E\tau}{T}+\frac{2E\tau}{T}\sum_{i=1}^{n}Sa\left(\frac{n\pi\tau}{T}\right)\cos n\omega t$$

该信号第 n 次谐波的振幅为：

$$a_n=\frac{2E\tau}{T}Sa\left(\frac{n\tau\pi}{T}\right)=\frac{2E\tau}{T}\frac{\sin(n\tau\pi/T)}{n\tau\pi/T}$$

由上式可见，第 n 次谐波的振幅与 E、T、τ 有关。

3. 信号的分解提取

进行信号分解和提取是滤波系统的一项基本任务。当我们仅对信号的某些分量感兴趣时，可以利用选频滤波器，提取其中有用的部分，而将其他部分滤去。

目前 DSP 数字信号处理系统构成的数字滤波器已基本取代了传统的模拟滤波器，数字滤波器与模拟滤波器相比具有许多优点。用 DSP 构成的数字滤波器具有灵活性高、精度高和稳定性高，体积小、性能高，便于实现等优点。因此在这里我们选用了数字滤波器来实现信号的分解。

在数字滤波器模块上，选用了有 8 路输出的 D/A 转换器 TLV5608(U502)，因此设计了 8 个滤波器(一个低通、六个带通、一个高通)将复杂信号分解提取某几次谐波。

分解输出的 8 路信号可以用示波器观察，测量点分别是 TP801、TP802、TP803、TP804、TP805、TP806、TP807 、TP808。

四、实验步骤

(1)连接 P04 和 P101。

(2)调节信号源，使 P04 输出 $f=4\text{kHz}$，占空比为 50% 的脉冲信号，调节 W701 使信号幅度为 4V。

(3)按下 SW101 按钮，使程序指示灯 D3D2D1D0＝0101，指示灯对应信号分解。

(4)示波器可分别在 TP801、TP802、TP803、TP804、TP805、TP806、TP807 和 TP808 上观测信号各次谐波的波形。

(5)矩形脉冲信号的脉冲幅度和频率保持不变，改变信号的脉宽 τ（即改变占空比），测量不同 τ 值时信号频谱中各分量的大小。

(6)根据表 14-1、表 14-2 中给定的数值进行实验，并记录实验获得的数据记入表中。

注意：4 个跳线器 K801、K802、K803、K804 应放在左边位置。4 个跳线器的功能为：当置于左边位置时，信号幅度保持不变；当置于右边位置时，可分别通过 4 个电位器 W801、W802、W803、W804 调节各路谐波的幅度大小。

(1)$\frac{\tau}{T}=\frac{1}{2}$：$\tau$ 的数值按要求调整，测得的信号频谱中各分量的大小，其数据按表的要求记录。

表 14-1 $\frac{\tau}{T}=\frac{1}{2}$的矩形脉冲信号的频谱

$f=4$kHz, $T=\mu$s, $\frac{\tau}{T}=1/2$, $\tau=\mu$s, $E(V)=4$V									
谐波频率(kHz)		$1f$	$2f$	$3f$	$4f$	$5f$	$6f$	$7f$	$8f$ 以上
理论值	电压有效值								
	电压峰峰值								
测量值	电压有效值								
	电压峰峰值								

(2)$\frac{\tau}{T}=\frac{1}{4}$:矩形脉冲信号的脉冲幅度 E 和频率 f 不变,τ 的数值按要求调整,测得的信号频谱中各分量的大小,其数据按表的要求记录。

表 14-2 $\frac{\tau}{T}=\frac{1}{4}$的矩形脉冲信号的频谱

$f=4$kHz, $T=\mu$s, $\frac{\tau}{T}=1/2$, $\tau=\mu$s, $E(V)=4$V									
谐波频率(kHz)		$1f$	$2f$	$3f$	$4f$	$5f$	$6f$	$7f$	$8f$ 以上
理论值	电压有效值								
	电压峰峰值								
测量值	电压有效值								
	电压峰峰值								

五、实验报告要求

(1)按要求记录各实验数据,填写表 14-1、表 14-2。

(2)描绘三种被测信号的振幅频谱图。

六、思考题

(1)$\frac{\tau}{T}=\frac{1}{4}$的矩形脉冲信号在哪些谐波分量上幅度为零?请画出基波信号频率为5kHz的矩形脉冲信号的频谱图(取最高频率点为10次谐波)。

(2)要提取一个$\frac{\tau}{T}=\frac{1}{4}$的矩形脉冲信号的基波和2、3次谐波,以及4次以上的高次谐波,你会选用几个什么类型(低通、带通……)的滤波器?

实验 15　矩形脉冲信号合成

一、实验目的

(1)进一步了解波形分解与合成原理。

(2)进一步掌握用傅里叶级数进行谐波分析的方法。

(3)观察矩形脉冲信号分解出的各谐波分量可以通过叠加合成出原矩形脉冲信号。

二、实验设备

(1)信号与系统实验箱 1 台。

(2)双踪示波器 1 台。

三、实验原理说明

实验原理部分参考实验 4,矩形脉冲信号的分解实验。

矩形脉冲信号通过 8 路滤波器输出的各次谐波分量可通过一个加法器,合成还原为原输入的矩形脉冲信号,合成后的波形可以用示波器在观测点 TP809 进行观测。如果滤波器设计正确,则分解前的原始信号(观测 TP101)和合成后的信号应该相同。信号波形的合成电路图如图 15-1 所示。

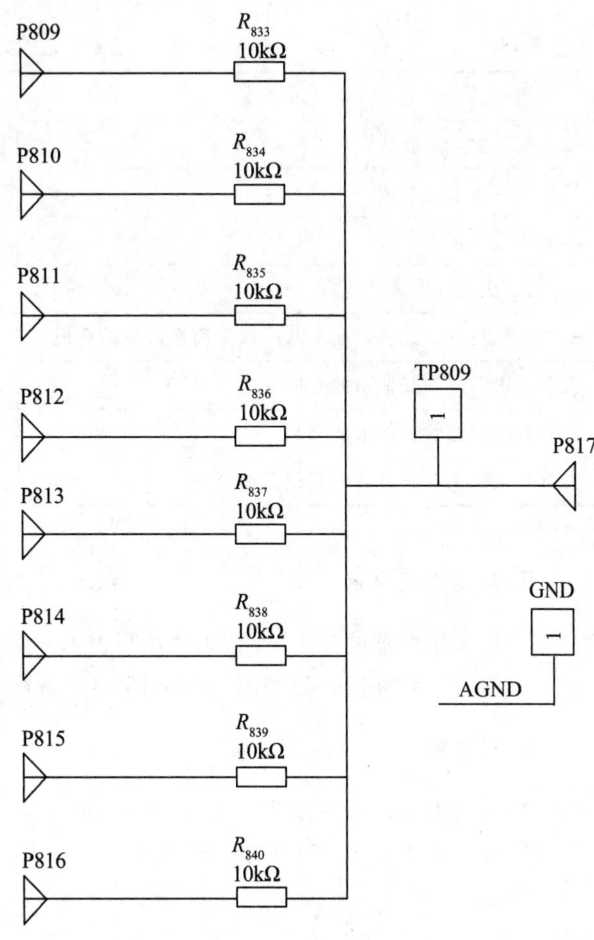

图 15-1　信号合成电路图

四、实验步骤

本实验为上节实验的延续。

(1)连接 P04 和 P101,将 4 个跳

线器 K801、K802、K803、K804 放在左边位置。

(2)调节信号源,使 P04 输出 $f=4\text{kHz}$,占空比为 50% 的脉冲信号,调节 W701 使信号幅度为 4V。

(3)按下 SW101 按钮,使程序指示灯 D3D2D1D0＝0101,指示灯对应信号分解。

(4)示波器可分别在 TP801、TP802、TP803、TP804、TP805、TP806、TP807 和 TP808 上观测信号各次谐波的波形。

(5)准备 8 个导线,根据下表中给出的内容,分别尝试不同的连接方式(如基波和三次谐波合成,只需连接 P801～P809,P803～P811),然后用双踪示波器同时测量 TP02 和 TP809,并将 TP809 的波形记录在表 15-1 中,通过调节电位器 W805 可以改变 TP809 的输出幅度。

说明:为了便于操作,8 根导线的默认连接方式为 P801～P809、P802～P810、P803～P811、P804～P812、P805～P813、P806～P814、P807～P815、P808～P816。其组合也可随意更换。

(6)按表 15-1 的要求,在输出端观察和记录合成结果。

表 15-1　矩形脉冲信号的各次谐波之间的合成

波形合成要求	合成后的波形
基波与三次谐波合成	
三次与五次谐波合成	
基波与五次谐波合成	
基波、三次与五次谐波合成	
基波、二、三、四、五、六、七及八次以上高次谐波的合成	
没有二次谐波的其他谐波合成	
没有五次谐波的其他谐波合成	
没有八次以上高次谐波的其他谐波合成	

五、实验报告要求

(1)根据示波器的显示结果,画图填写表 15-1。

(2)以矩形脉冲信号为例,总结周期信号的分解与合成原理。

六、思考题

(1)分析方波信号在哪些谐波分量上幅度为零?

(2)根据表 15-1 的实验结果分析原因。

实验 16　数字滤波器

一、实验目的

(1)了解数字滤波器的作用与原理。

(2)了解数字滤波器的设计实现过程。

二、实验设备

(1)双踪示波器 1 台。

(2)信号系统实验箱 1 台。

(3)计算机 1 台。

三、实验原理说明

当我们仅对信号的某些分量感兴趣时,可以利用选频滤波器,提取其中有用的部分,而将其他滤去,滤波器的一项基本任务即对信号进行分解与提取。

目前 DSP 数字信号处理系统构成的数字滤波器已基本取代了传统的模拟滤波器,数字滤波器与模拟滤波器相比具有许多优点。用 DSP 构成的数字滤波器具有灵活性高、精度高和稳定性高,体积小、性能高,便于实现等优点。因此在这里我们选用了数字滤波器来实现信号的分解。

在实验中我们设计了一个 FIR 低通滤波器,采样率 Fs＝128kHz,Fpass＝4kHz,Fstop＝6kHz。

四、实验内容和步骤

(1)连接 P04 和 P101。

(2)调节信号源,使 P04 输出 f＝4kHz 的正弦波,调节 W701 使信号幅度为 4V。

(3)按下 SW101 按钮,使程序指示灯 D3D2D1D0＝0010,指示灯对应数字滤波。

(4)观察 TP801 输出的信号。

(5)试着将 P04 输出信号频率调节到 5kHz,6kHz,7kHz,8kHz,9kHz,观察 TP801 输出信号的变化。

(6)测量不同频率下信号输出幅度的变化,画出滤波器的相应曲线。

(7)将正弦波改变成方波信号，调节频率从 1kHz～8kHz，观察 TP801 信号的变化。

五、实验报告要求

(1)输出 P04 为正弦波时，分别画出频率为 5kHz，6kHz，7kHz，8kHz，9kHz 的输出信号波形。

(2)输出 P04 为方波信号时，分别画出频率为 1kHz，2K，3kHz，4kHz，5kHz，6kHz，7kHz，8kHz 的输出信号波形。

六、思考题

(1)方波信号输入时，输出为正弦波信号，为什么？

(2)在实验过程中，当信号幅值相对变大时，输出波形的上半部分就被截去了一部分(见图 16-1 和图 16-2)，为什么？

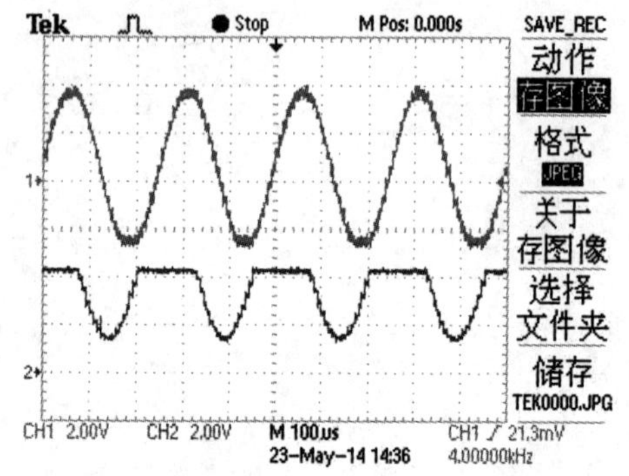

图 16-1　幅值大时被截去了一部分

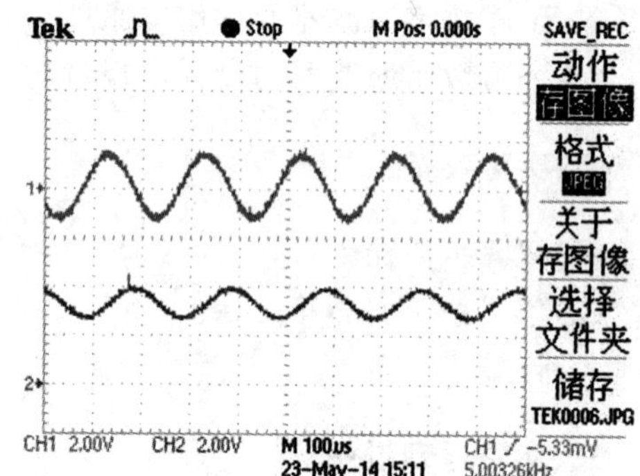

图 16-2　幅值小时就是全部的

实验 17 语音信号的时域、频域观测与分析

一、实验目的

(1)了解语音信号的特点及语音信号的频率成分。

(2)了解语音的数字化的采样频率及数字化过程。

(3)使用上层软件观察语音数据时域波形,并采集一段语音数据试听,然后采集一段语音进行频谱分析。

二、实验设备

(1)RZ8664 信号系统实验箱 1 台。

(2)计算机 1 台。

(3)耳机 1 个。

(4)数据线 1 根。

三、实验原理

1. 语音信号介绍

语音信号是携带语音信息的语音声波,如果经过声电转换就得到语音的电信号,而语音信号的数字处理基于语音信号的数字化表示,模拟语音信号经过 A/D 转换后就得到离散的语音信号数字化采样。语音的数字化采样值以文件形式存储到计算机中就可以用到有关工具程序或者自编程序读出并显示在计算机屏幕上,得到便于观察分析的语音时域波形图。

根据语音的日常应用,语音可大致分为三类:窄带(电话带宽 300～3400Hz)语音,宽带(7kHz)语音和音乐带宽(20kHz)语音。窄带语音的采样率通常为 8kHz,一般应用于语音通信中,宽带(7kHz)语音采样率通常为 16kHz,一般用于要求更高音质的应用中,如电视会议,而 20kHz 带宽语音适用于音乐数字化,采样率一般高达 44.1kHz。由于在以后的实验中,都是以话音为研究单元,因此我们在语音数字化过程中,统一地使用了 8kHz 的采样率。

图 17-1 是一个女声发音的“我到北京去”的时域波形图,该语音段的频谱宽度为 300～3400Hz,采样频率为 8kHz,持续时间为 4s。从图中可以看出,语音信号有很强的“时变

特性”，有些波段具有很强的周期性，有些波段具有很强的噪声特性，且周期性语音和噪声性语音的特征也在不断变化中。

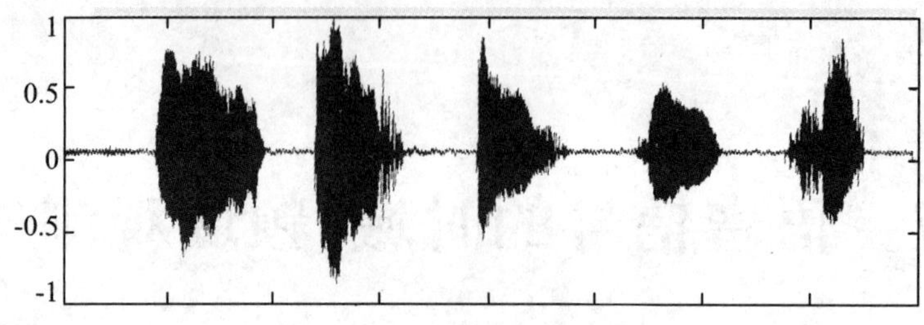

图 17-1　语音信号时域波形

语音按其激励形式的不同主要可以分为两类：

(1)浊音：当气流通过声门时，如果声带的张力刚好使声带发生张弛振荡式的振荡，产生一股准周期的气流，这一气流激励声道就产生浊音。

(2)清音：当气流通过声门时，如果声带不振动，而在某处收缩，迫使气流以高速通过这一收缩部分而产生湍流，就得到清音。

图 17-2 给出了清音和浊音的波形图。

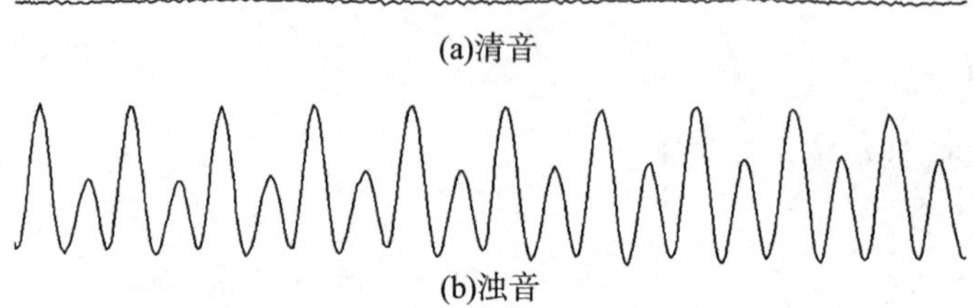

图 17-2　清音与浊音波形图

2. 语音信号频域介绍

语音的产生是一个复杂的过程，语音信号的最终形成是包含众多因素的，包括心理和生理等方面的一系列动作，因此语音信号是较为复杂的音频信号，包含众多的频率成分，有些频率成分对于语音的产生有比较大的影响，缺少了语音的语义就会完全失真；有些频率成分则是噪声信号，缺少了语音的语义基本没有影响。

图 17-3 是一个女声发音的“我到北京去”的时域波形图，该语音段的频谱宽度为 300～3400Hz，采样频率为 8kHz，持续时间为 4s。现在对下面的信号进行频谱分析。

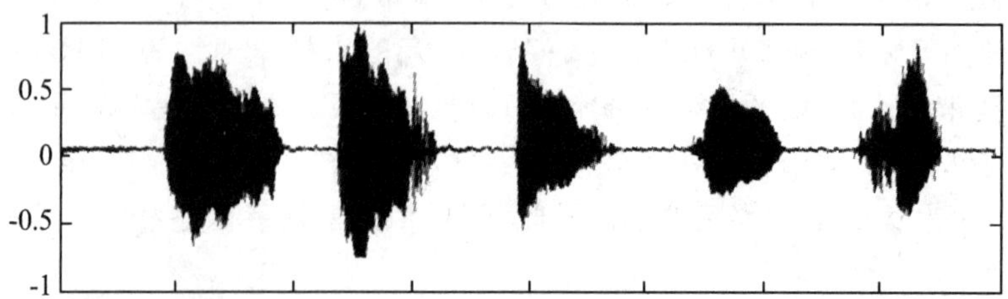

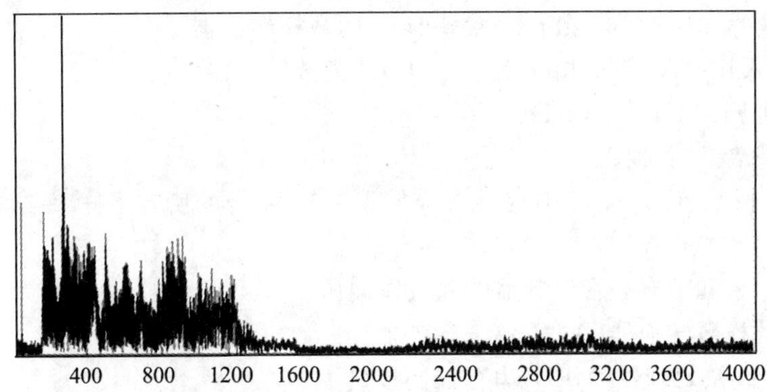

图 17-3 语音信号时域及频域图形

在图 17-3 中给出了一段语音信号和这段语音信号的频域图形，可以看出语音信号从几十赫兹到 1500Hz 频段都有频率分布，在该频段上，各个频率对应幅度也有不同。每个频率成分都是怎么产生的，又有什么样的作用，这就是音频信号频域分析需要注意的问题。

3. 语谱图

语音信号随时间而变化的频谱特性可以用语谱图直观的来表示。语谱图的纵轴对应于频率，横轴对应于时间，二值图像的黑白度(也可用彩色)对应于信号的能量。所以，声道的谐振在图上就表示成黑带，浊音部分则以出现条纹图形为特征，这是因为此时的时域波形具有周期性，而在清音的时间间隔内图形显得很致密。

图 17-4 给出了上面“我到北京去”语音信号的语谱图，试对比上面介绍内容，分析该语谱图，分析语音信号的特征。

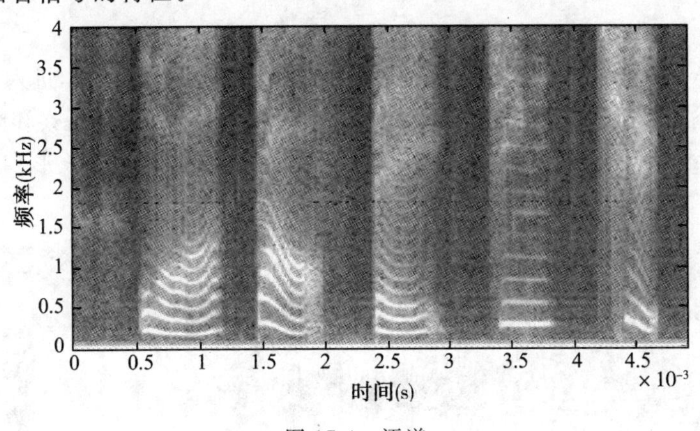

图 17-4 语谱

4. 语音编解码芯片 WM8731

WM8731 是一款带有集成耳机驱动器的极低功耗、高质量音频编码解码器，专为便携数字音频应用而设计。该器件可以提供 CD 音质的音频录音和回放，为 16 欧姆的负载提供 50mW 的输出功率。

*带有集成耳机驱动器的立体声音频编解码器 (50mW on 16W @ 3.3V)

*2.7～3.6V 模拟电源电压(标准版)

*回放模式下功耗＜ 18mW

*100dB 信噪比(‘A’ weighted @ 48kHz)的数模转换器

*90dB 信噪比(‘A’ weighted @ 48kHz)的模数转换器

*采样率范围:8kHz～96kHz

*主时钟或者从时钟模式

*USB 时钟模式可以从 USB 时钟直接生成一般 MP3 的所有采样率(incl. 441. kHz)

*输出音量和静音控制

*麦克风输入和带有侧音混频器的驻极体偏压

*可选择的模数转换器(ADC)高通滤波器

*2 线或 3 线微处理器(MPU)串行控制接口

*可编程音频数据接口模式

四、实验系统介绍

在本实验中,将完成语音的数字化处理过程,并实现的语音的录放和采集。语音信号采样的结构图如图 17-5 所示。

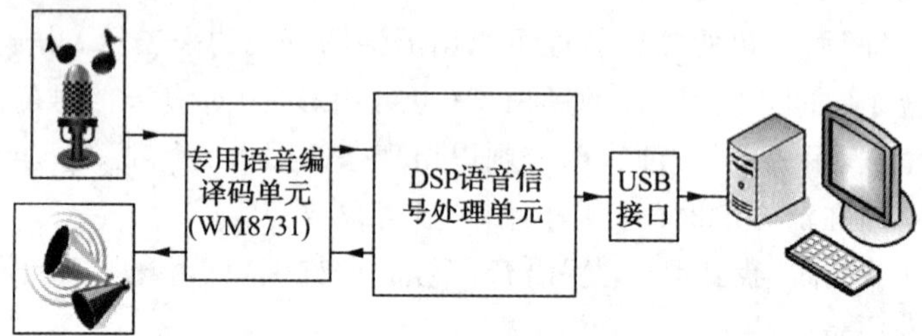

图 17-5　语音信号采集示意图

语音通过 MIC 进入 WM8731,经过 WM8731 处理并完成数字化后,进入 DSP 完成语音的的回放和传输,PC 机端收到语音信号后,可以完成语音信号的时域观察和频域分析。

图 17-6 为语音采集软件界面示例。在该软件中,可以看到音频波形和细节波形两个窗口,分别可以观察语音信号的轮廓和语音信号的细节成分。

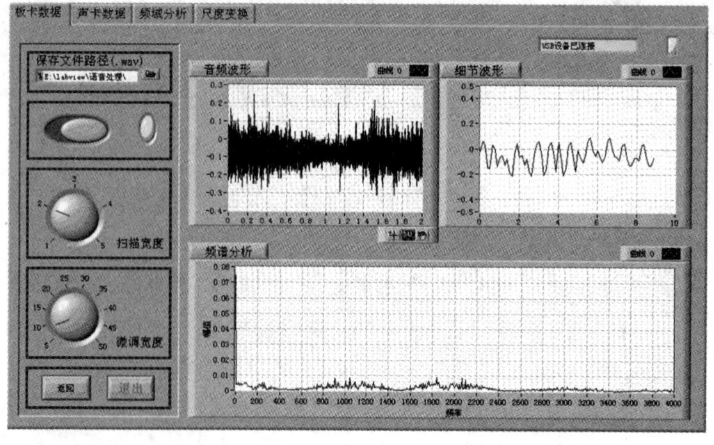

图 17-6　上层软件界面图形

五、实验内容及步骤

在实验中，使用 PC 端的语音观测软件，观测语音信号的时域波形。

(1)连接麦克风和耳机到实验箱右下侧接口。

(2)按下 SW101 按钮，使程序指示灯 D3D2D1D0＝1011，指示灯对应语音采集。

(3)打开 RZ8664 上层软件，观察实时语音数据，并观察对应的波形，最后将语音数据保存为“.wav”格式文件。

实验 18　语音信号的尺度变换

一、实验目的

(1)了解语音信号数字化的方法。

(2)掌握语音信号时域频域有关特性:时域波形、频域频谱。

二、实验设备

(1)耳机 1 个。

(2)信号系统实验箱 1 台。

(3)计算机 1 台。

(4)数据线 1 根。

三、实验原理说明

1. 尺度变换

尺度变换是指,如果信号在时域进行压缩或者扩展,相应该信号在频域也会进行扩展和压缩,其表示如下:

若 $f(t) \leftrightarrow F(\omega)$,则 $f(at) \leftrightarrow \frac{1}{|a|}F(\frac{\omega}{a})$,$a$ 为非零函数。

如图 18-1 所示,以矩形脉冲为原始信号进行尺度变换的两个例子。尺度变换的物理含义是,如果信号在时域进行压缩,即当 $a>1$ 时,其频谱将在频域进行相应的扩展;反之,如果信号在时域进行扩展,即当 $0<a<1$ 时,则其频谱将在频域进行压缩。

尺度变换所描述的信号在时域和频域中相互制约的反比关系是一个很重要的性质,在信号与系统的分析与综合中往往要涉及到这个性质。例如,在数据通信网的发展历程中,为了得到高速的传输速率,就必须提高传输媒质的带宽,由此而导致了传输媒质从铜线电缆到光缆的变迁。

为什么时域压缩会导致频域扩展,而时域扩展会导致频域压缩呢? 因为时间坐标尺度的变化会改变信号变化的快慢,当时间坐标尺度压缩时,信号变化加快,因而频率提高了;反之,当时间坐标扩展时,信号变化减慢,因而频率也就降低了。

例如,当播放一合音乐磁带时,如果播放的速度和录制的速度不同,则人耳所听到的效果将会不同：如果播放的速度快于录制速度（相当于时间压缩），则整个音调将会提高（相当于频域扩展，高频分量增加），特别是在快放时，音调的提高将会非常地明显；反之，如果播放的速度慢于录制速度（相当于时间扩展），则音调将会降低（相当于频域压缩，低频分量增强），此时所听到的音乐将使人感到非常地沉闷。另外，当火车高速开过来时，我们也会明显地感觉到其汽笛声调的变高，这也是尺度变换的一个例子。

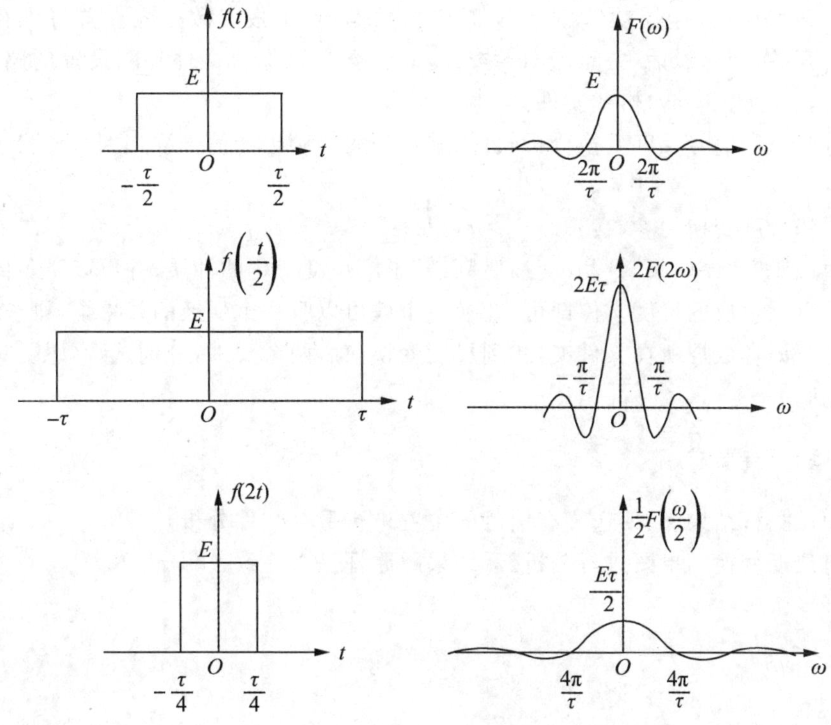

图 18-1 尺度变换的性质

在实验平台中，尺度变换是通过对语音的数据文件提高或减慢播放速度来实现的，通过对原始信号、快速播放信号、减速播放信号的频谱分析，加深对尺度变换的理解。频谱分析如图 18-2 所示：

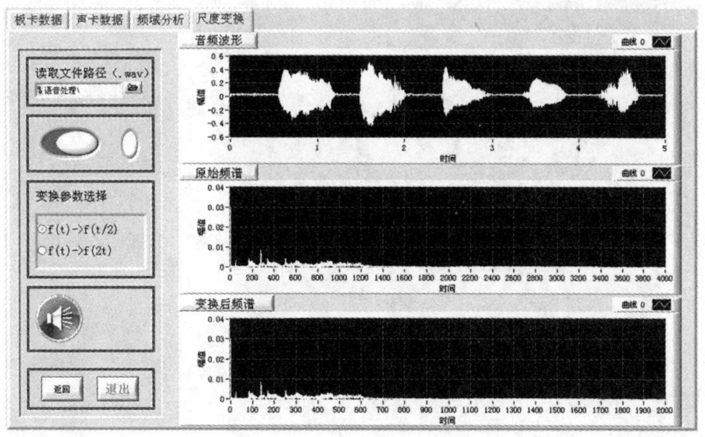

图 18-2 尺度变换上层界面

四、实验内容及步骤

录制自己的一段语音信号，对该信号进行尺度变换分析。

(1)连接麦克风和耳机到实验箱右下侧接口。

(2)按下 SW101 按钮，使程序指示灯 D3D2D1D0＝1011，指示灯对应语音采集。

(3)打开 RZ8664 上层软件，观察实时语音数据，点击板卡数据先设置好保存文件路径，再点击开关，开始说话，并点击 run 按钮，此时会自动保存文件到刚设置的路径下，并将语音数据保存为". wav "格式文件。

(4)打开语音信号尺度变换分析软件，并将采集的到语音信号添加到尺度变换读取文件路径中。

(5)选择尺度变换的参数：$f(t)->f(t/2)$或 $f(t)->f(2t)$。

(6)通过观察“原始频谱”和“变换后频谱”了解尺度变化的性质；并可以听不同尺度的声音，点击自动生成的尺度文件即可，变换一个就可以听一个变换的效果，否则被覆盖了。

(7)打开语音数据所在文件夹，找到尺度变换前后两个文件，分别试听，感受尺度变换前后的差别。

五、实验报告要求

(1)频域分析结果图(要选择有信号的位置进行保存文件分析)。

(2)对尺度变换结果图进行分析，看结果跟原理是否一致。

实验 19* 基于 CCS 的图像取反

一、实验目的

(1)熟悉并掌握 DSP 系统硬件的连接和使用的方法;了解图像系统的组成、工作流程和基本原理。

(2)学会使用 CodeComposerStudio2.0ForC6000 的启动、退出,熟悉编辑、编译 DSP 应用程序的操作。

(3)对 DSP 应用程序的结构有所了解,掌握工程文件的开启和关闭操作;了解工程文件的内容。

(4)了解并掌握运用图像取反方法,通过观察实验结果对算法建立感性认识,对 DSP 在数字图像处理中的作用和所处的位置有形象地了解。

(5)了解 TMS320C6711DSP 的运行速度和操作模式。

二、实验设备

(1)PC 机一台。

(2)NvDK-6000SA 嵌入式网络图像与视频实验开发系统一套。

三、实验原理

图像取反是灰度线性变换的一种,灰度的线性变换就是将图像中所有的点的灰度按照线性灰度变换函数进行变换。该线性灰度变换函数 $F(x)$ 是一个一维线性函数:

$$F(x)=Ax+B$$

当 $A=-1,B=255$ 时,输出的图像的灰度正好反转,即图像取反。

四、实验内容

(1)熟悉 CCS 的操作环境。

(2)编写 TMS320C6711DSP 初始化程序。

(3)编写图像采集程序。

五、实验步骤

(1)将 DSP 仿真器与计算机并口(打印机口)连接好。

(2)将 DSP 仿真器 JTAG 头插入 NvDK-6000SA 板 JTAG 上(注意:若方向有误,将不能插入)。

(3)打开计算机电源,当计算机启动完毕后,打开仿真器和 DSP67XEVM 板电源,板上 3.3V、1.8V 电源指示灯均亮,若不亮,请立即关闭 EVM 板电源,检查连线和电源电压。

(4)双击桌面上 CCS 图标,进入 CCS 操作环境。

(5)创建工程,编写源程序,调试。

(6)在创建的工程文件中,加入*.CMD 文件和*.LIB、*.OBJ(原始图像)文件。

(7)在 Projet→Build Options 中设置添加文件的路径。

(8)运行程序,在 CCS 平台上观测输入输出图像,选择:View→Graph→Image。

(9)图像显示设置如图 19-1 所示。

(10)或打开光盘中的 program\Inverse 目录下的 Inverse.pjt(范例),编译、运行,可以观测实验结果。

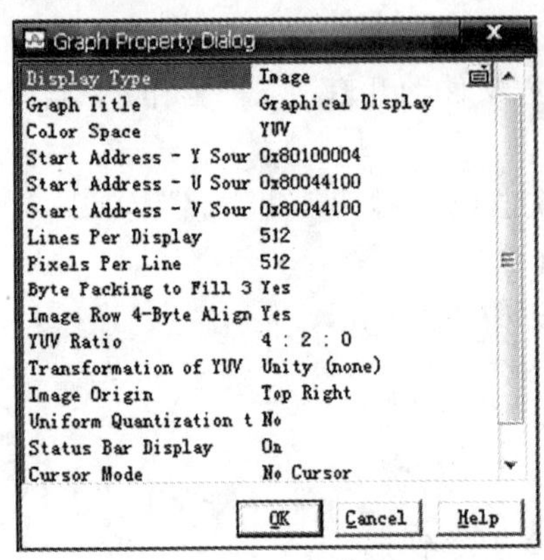

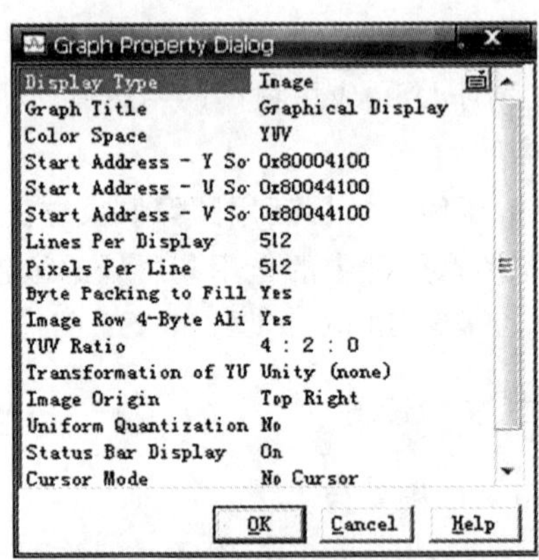

图 19-1　图像设置

六、实验程序流程图及处理结果

程序将图像按像素按位进行求反,取得类似照相底片效果,如图 19-2 所示。

图像处理前

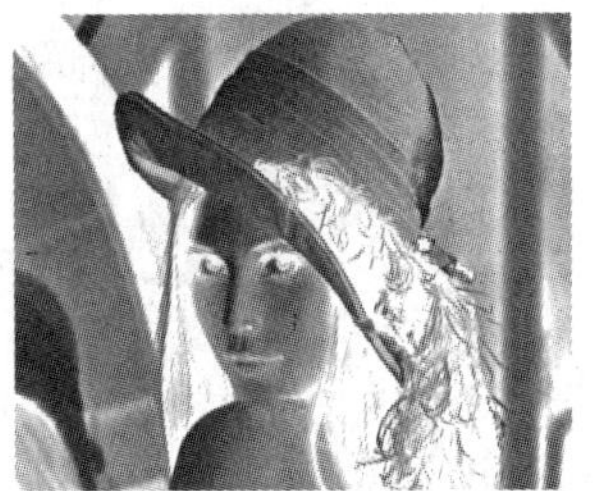

图像处理后

图 19-2　图像取反前后结果图

实验流程图如图 19-3 所示。

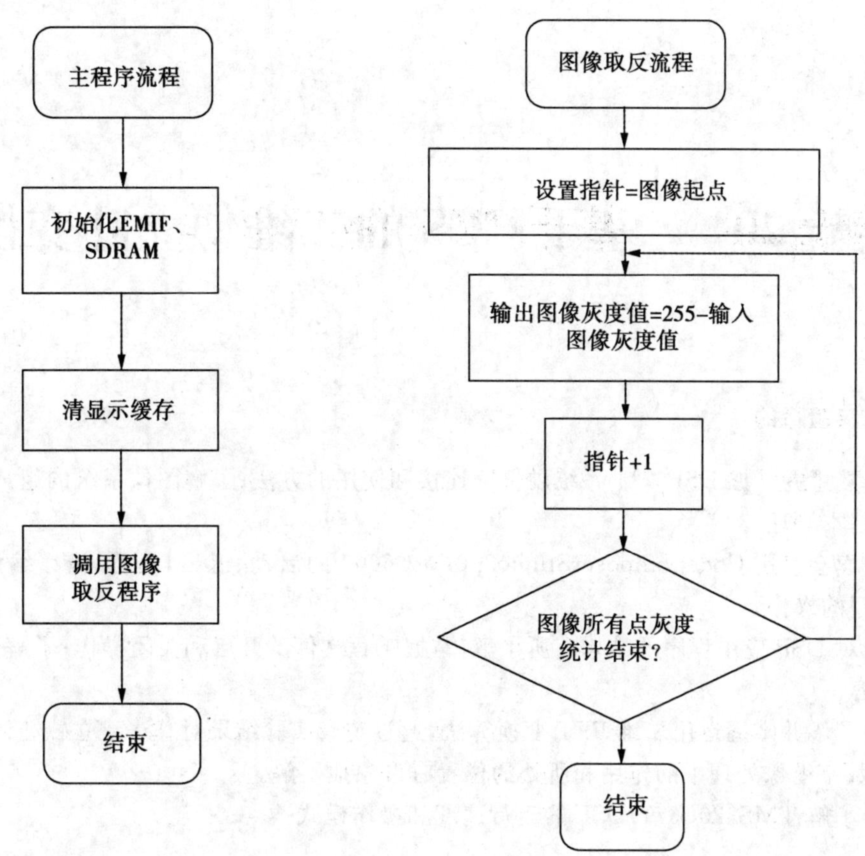

图 19-3 图像取反流程图

七、思考题

(1)理解图像在计算机里的存储方式。

(2)试着编写图像的一半取反算法程序。

实验 20* 基于 CCS 的二维傅立叶变换

一、实验目的

(1)熟悉并掌握 DSP6711 系统硬件的连接和使用的方法;了解图像系统的组成、工作流程和基本原理。

(2)学会使用 CodeComposerStudio2.0ForC6000 的启动、退出,熟悉编辑、编译 DSP 应用程序的操作。

(3)对 DSP 应用程序的结构有所了解,掌握工程文件的开启和关闭操作;了解工程文件的内容。

(4)了解并掌握运用二维 FFT 变换算法,通过观察实验结果对算法建立感性认识,对 DSP 在数字图像处理中的作用和所处的位置有形象地了解。

(5)了解 TMS320C6711DSP 的运行速度和操作模式。

二、实验设备

(1)PC 机一台。

(2)NvDK-6000SA 嵌入式网络图像与视频实验开发系统一套。

三、实验原理

傅立叶变换是一种常见的正交变换。为了在数字图像处理中应用傅立叶变换,必须引入离散傅立叶变换(DFT, Discrete FourierTransform)的概念。它的数学定义如下:如果 $f(x)$ 为一个长度为 N 的数字序列,其离散傅立叶变换 $F(u)$ 为:

$$F(\mu) = \mathcal{F}[f(x)] = \sum_{x=0}^{N-1} f(x) e^{-j\frac{2\pi\mu x}{N}}$$

离散傅立叶反变换为:

$$f(x) = \mathcal{F}^{-1}[F(\mu)] = \frac{1}{N}\sum_{\mu=0}^{N-1} F(\mu) e^{j\frac{2\pi\mu x}{N}}$$

其中,$x=0,1,2,\cdots,N-1$。

如果令 $W=e^{j\frac{2\pi}{N}}$,那么上述公式分别变成:

$$F(\mu)=\mathcal{F}[f(x)]=\sum_{x=0}^{N-1}f(x)\mathrm{e}^{-\mathrm{j}\frac{2\pi\mu x}{N}}=\sum_{x=0}^{N-1}f(x)W^{-\mu x}$$

$$f(x)=\mathcal{F}^{-1}[F(\mu)]=\frac{1}{N}\sum_{\mu=0}^{N-1}F(\mu)\mathrm{e}^{\mathrm{j}\frac{2\pi\mu x}{N}}=\frac{1}{N}\sum_{\mu=0}^{N-1}F(\mu)W^{\mu x}$$

写成矩阵形式为：

$$\begin{bmatrix}F(0)\\F(1)\\\vdots\\F(N-1)\end{bmatrix}=\begin{bmatrix}W^0 & W^0 & W^0 & \cdots & W^0\\W^0 & W^{1\times1} & W^{2\times1} & \cdots & W^{(N-1)\times1}\\\vdots & \vdots & \vdots & \vdots & \vdots\\W^0 & W^{1\times(N-1)} & W^{2\times(N-1)1} & \cdots & W^{(N-1)\times(N-1)}\end{bmatrix}\begin{bmatrix}f(0)\\f(1)\\\vdots\\f(N-1)\end{bmatrix}$$

$$\begin{bmatrix}f(0)\\f(1)\\\vdots\\f(N-1)\end{bmatrix}=\frac{1}{N}\begin{bmatrix}W^0 & W^0 & W^0 & \cdots & W^0\\W^0 & W^{-1\times1} & W^{-2\times1} & \cdots & W^{-(N-1)\times1}\\\vdots & \vdots & \vdots & \vdots & \vdots\\W^0 & W^{-1\times(N-1)} & W^{-2\times(N-1)1} & \cdots & W^{-(N-1)\times(N-1)}\end{bmatrix}\begin{bmatrix}F(0)\\F(1)\\\vdots\\F(N-1)\end{bmatrix}$$

二维离散函数 $f(x, y)$的傅立叶变换为：

$$F(\mu,v)=\mathcal{F}[f(x,y)]=\sum_{x=0}^{M-1}\sum_{y=0}^{N-1}f(x,y)\mathrm{e}^{-\mathrm{j}2\pi(\frac{\mu x}{M}+\frac{vy}{N})}$$

傅立叶反变换为：

$$f(x,y)=\mathcal{F}[F(\mu,v)]=\sum_{\mu=0}^{M-1}\sum_{v=0}^{N-1}F(\mu,v)\mathrm{e}^{\mathrm{j}2\pi(\frac{\mu x}{M}+\frac{vy}{N})}$$

其中：

$$x=0,1,2,\cdots,M-1$$
$$y=0,1,2,\cdots,N-1$$

在数字图像处理中，图像取样一般是方阵，即 $M=N$，则二维离散傅立叶变换公式为：

$$F(\mu,v)=\mathcal{F}[f(x,y)]=\sum_{x=0}^{M-1}\sum_{y=0}^{N-1}f(x,y)\mathrm{e}^{-\mathrm{j}2\pi(\frac{\mu x}{M}+\frac{vy}{N})}$$

$$f(x,y)=\mathcal{F}[F(\mu,v)]=\frac{1}{N^2}\sum_{\mu=0}^{M-1}\sum_{v=0}^{N-1}F(\mu,v)\mathrm{e}^{\mathrm{j}2\pi(\frac{\mu x}{M}+\frac{vy}{N})}$$

数字图像处理中通常将傅立叶变换频谱的原点移动到矩阵 $M\times N$ 的中心，以便能清楚地分析傅立叶变换谱的情况。

快速傅立叶变换：

离散傅立叶变换已经成为数字信号处理的一种重要手段。然而，离散傅立叶变换需要的计算量太大，运算时间长，在某种程度上限制了它的使用。

1965 年，CooLey 和 Tukey 首先提出一种快速傅立叶变换(FFT)算法，采用该算法进行离散傅立叶变换，复数乘法和加法次数正比于 $N\log_2 N$，这在 N 很大时计算量会大大减少。快速傅立叶变换是离散傅立叶变换的一种改进算法。它分析了离散傅立叶变换中重复的计算量，并尽最大的可能使之减少，从而达到快速计算的目的。

四、实验内容

(1)熟悉 CCS 的操作环境。

(2)编写 TMS3200C6711DSP 初始化程序。

(3)编写图像采集程序。

(4)编写二维 FFT 变换算法程序。

五、实验步骤

(1)将 DSP 仿真器与计算机并口(打印机口)连接好。

(2)将 DSP 仿真器 JTAG 头插入 NvDK-6000SA 板 JTAG 上(注意:若方向有误,将不能插入)。

(3)打开计算机电源,当计算机启动完毕后,打开仿真器和 DSP67XEVM 板电源,板上 3.3V、1.8V 电源指示灯均亮,若不亮,请立即关闭 EVM 板电源,检查连线和电源电压。

(4)双击桌面上 CCS 图标,进入 CCS 操作环境。

(5)创建工程,编写源程序,调试。

(6)在创建的工程文件中,加入*.CMD 文件和*.LIB。

(7)在 Projet→Build Options 中设置添加文件的路径。

(8)运行程序,在 CCS 平台上观测输入输出图像,选择:View→Graph→Image。

(9)图像显示设置如图 20-1 所示。

(10)或打开光盘中的 program\fft2 目录下的 fft2.pjt(范例),编译、运行,可以观测实验结果。

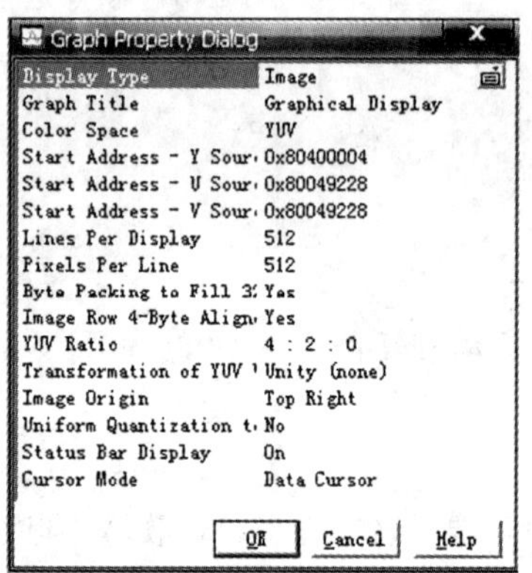

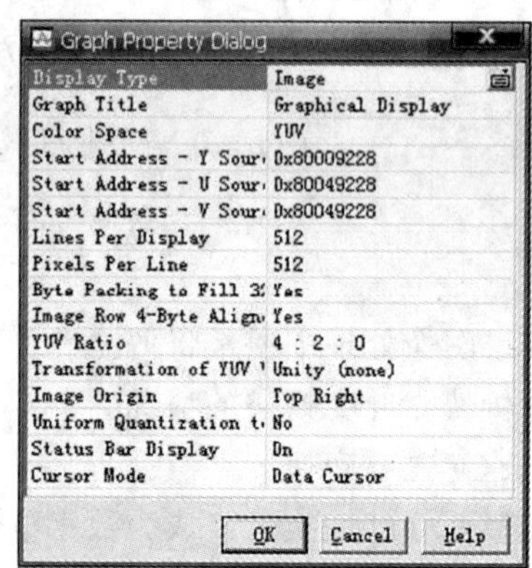

图 20-1　图像设置

六、实验结果图及程序流程图

实验结果及程序流程图如图 20-2、图 20-3 所示。

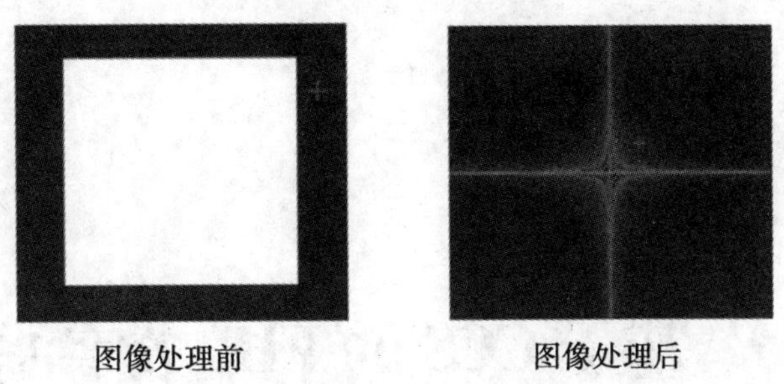

图 20-2 图像傅立叶变换结果图

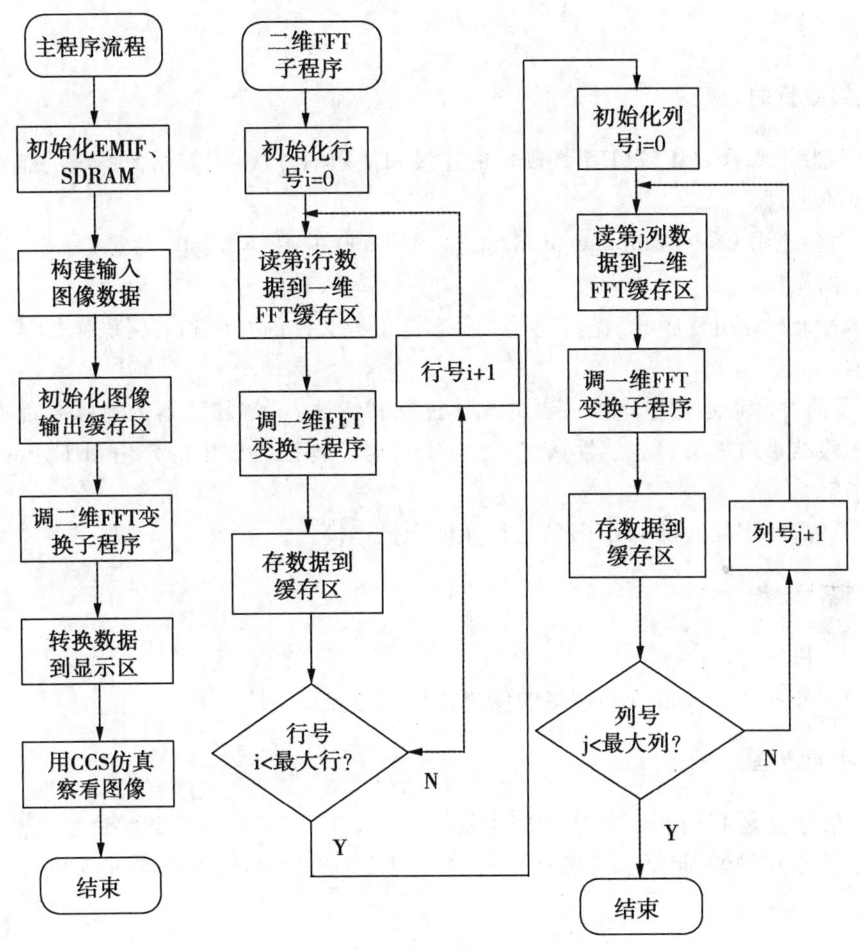

图 20-3 图像傅立叶变换流程图

七、思考题

试着将二维傅里叶变换的算法程序改为一维的傅里叶变换算法程序。

实验 21* 基于 CCS 的 FIR 数字滤波器算法

一、实验目的

(1)熟悉并掌握 DSP6711 系统硬件的连接和使用的方法;了解图像系统的组成、工作流程和基本原理。

(2)学会使用 CodeComposerStudio2.0ForC6000 的启动、退出,熟悉编辑、编译 DSP 应用程序的操作。

(3)对 DSP 应用程序的结构有所了解,掌握工程文件的开启和关闭操作;了解工程文件的内容。

(4)了解并掌握运用数字滤波器的设计过程和特性,了解滤波器的特殊寻址方法,通过观察实验结果对算法建立感性认识,对 DSP 在数字滤波处理中的作用和所处的位置有形象地了解。

(5)了解 TMS320C6711DSP 的运行速度和操作模式。

二、实验设备

(1)PC 机一台。

(2)NvDK-6000SA 嵌入式网络图像与视频实验开发系统一套。

三、实验原理

数字滤波器是 DSP 的最基本的应用领域。一个 DSP 芯片执行数字滤波算法的能力反映了这种芯片的功能大小。如图 21-1 为 FIR 滤波器的结构图,它的差分方程表达式为:

$$y(n) = \sum_{i=0}^{N-1} a_i x(n-i)$$

FIR 滤波器的最主要的特点是没有反馈回路,它是无条件稳定的系统,它的单位冲激响应 $y(n)$是一个有限长的序列。如果 $y(n)$是实数,且满足偶对称或奇对称的条件,则滤波器具有线性相位特性。偶对称线性相位 *FIR* 滤波器(N 为偶数)的差分方程表达式为:

$$y = \sum_{i=0}^{\frac{N}{2}-1} a_i [x(n-i) + x(n-N+1-i)]$$

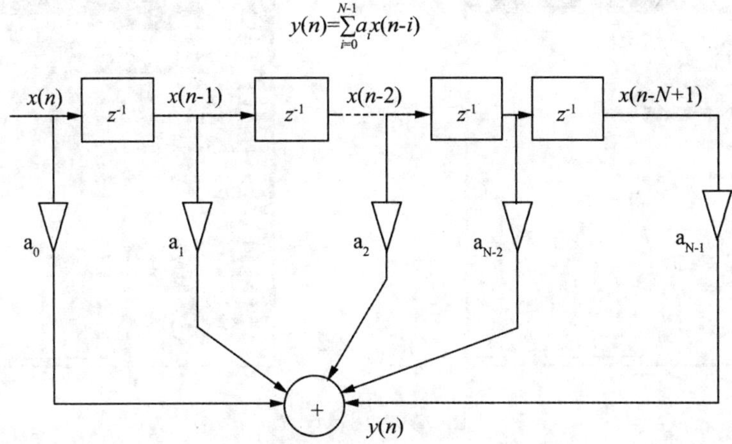

图 21-1　FIR 滤波器的结构图

线性相位 FIR 滤波器是用得最多的 FIR 滤波器。由此可见,FIR 滤波算法实际上是一种乘法累加运算,它不断地输入样本 $x(n)$,经延时(z^{-1}),作乘法累加,再输出滤波结果 $y(n)$。

四、实验内容

(1)熟悉 CCS 的操作环境。

(2)编写 TMS320C6711DSP 初始化程序。

(3)编写 FIR 滤波器的算法程序,确定滤波器的阶次和系数。

(4)编写数字信号样本采集程序。

五、实验步骤

(1)将 DSP 仿真器与计算机并口(打印机口)连接好。

(2)将 DSP 仿真器 JTAG 头插入 NvDK-6000SA 板 JTAG 上(注意:若方向有误,将不能插入)。

(3)打开计算机电源,当计算机启动完毕后,打开仿真器和 DSP67XEVM 板电源,板上 3.3V、1.8V 电源指示灯均亮,若不亮,请立即关闭 EVM 板电源,检查连线和电源电压。

(4)双击桌面上 CCS 图标,进入 CCS 操作环境。

(5)创建工程,编写源程序,调试。

(6)在创建的工程文件中,加入*.CMD 文件和*.LIB。

(7)在 Projet→Build Options 中设置添加文件的路径。

(8)运行程序,在 CCS 平台上观测输入输出图像,选择:View→Graph→Image。

(9)图像显示设置如图 21-2 所示。

(10)或打开光盘中的 program\fir 目录下的 fir.pjt(范例),编译、运行,可以观测实验结果。

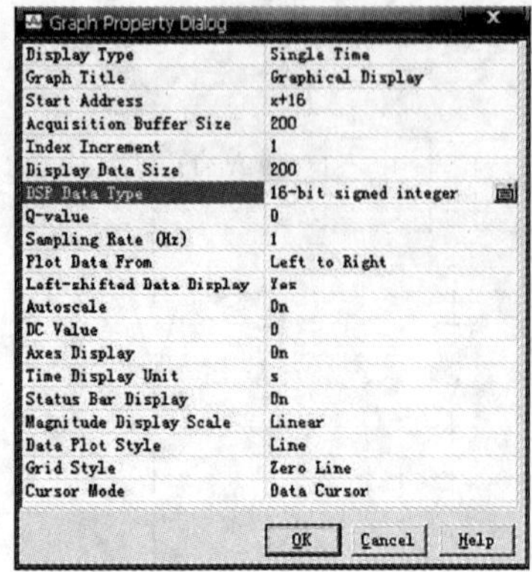

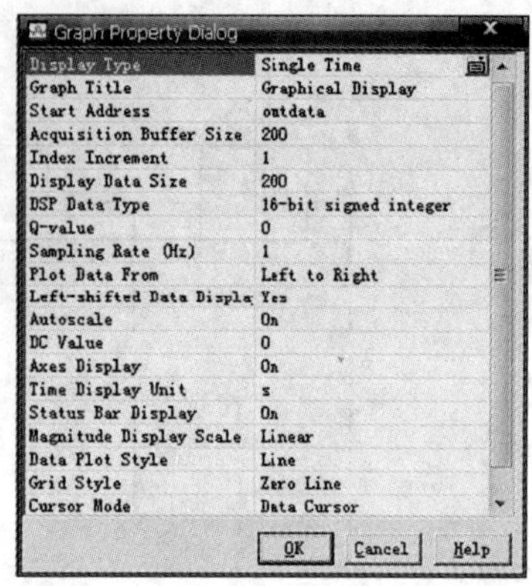

图 21-2　图像设置

六、实验程序流程图及实验结果

实验程序流程图及实验结果如图 21-3、图 21-4 所示。

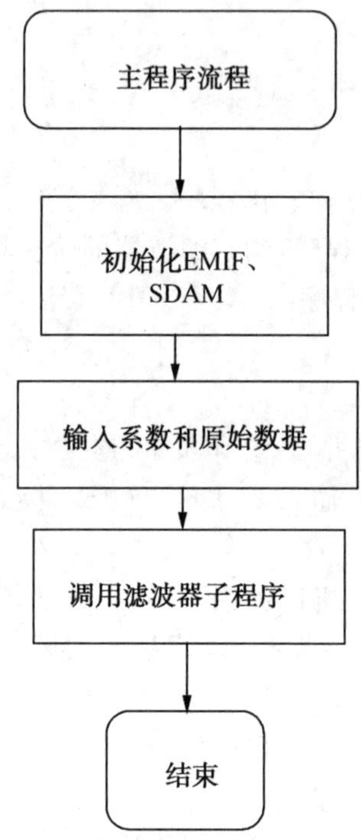

图 21-3　实验流程图

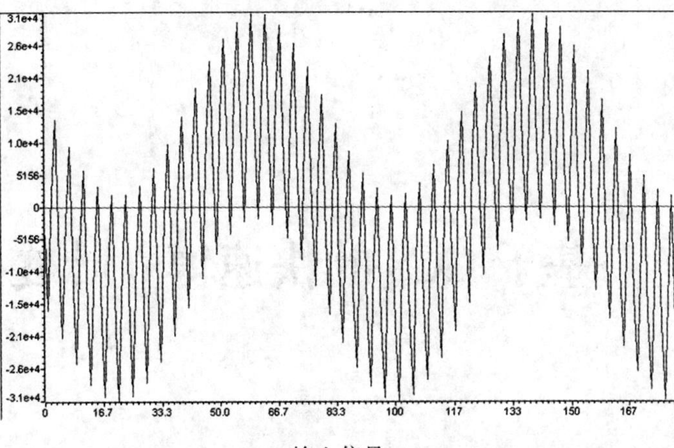

输入信号

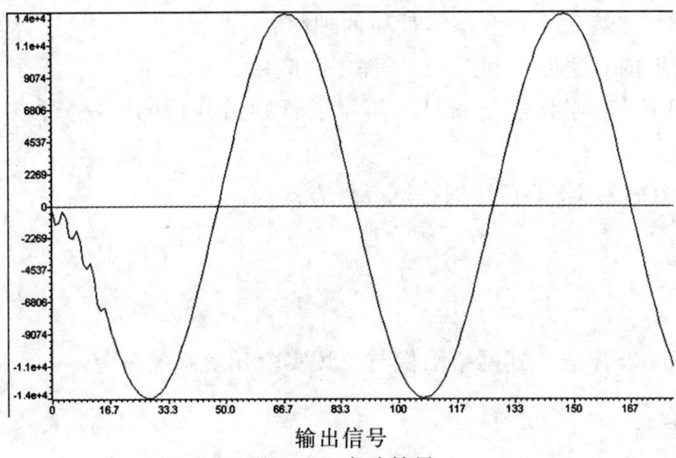

输出信号

图 21-4 实验结果

七、思考题

(1)试着修改滤波器的模板,比较两种不同模板情况下实验的不同效果。

(2)理解参考算法程序中的"r[j]= sum ≫ 15"的作用及优点。

实验 22* 基于 CCS 的快速傅立叶变换(FFT)

一、实验目的

(1)加深对 DFT 算法原理和基本性质的理解。

(2)熟悉 FFT 的算法原理和 FFT 子程序的应用。

(3)学习用 FFT 对连续信号和时域信号进行频谱分析的方法,并在 LCD 上显示频谱图。

(4)了解 DSP 针对 FFT 算法的特殊寻址方式。

二、实验设备

(1)PC 机一台。

(2)NvDK-6000SA 嵌入式网络图像与视频实验开发系统一套。

三、实验原理

(1)FFT 快速算法的特点。

(2)FFT 的时间抽取取法和蝶形运算的原理。

(3)DSP 位码倒置的实现。

四、实验内容

(1)熟悉 CCS 的操作环境。

(2)初始化 DSP。

(3)编写位码倒置程序。

(4)编写蝶形运算程序。

(5)编写功率谱计算程序。

五、实验步骤

(1)初始化 DSP,调用 DSP 初始化程序。

(2)将 DSP 仿真器 JTAG 头插入 NvDK-6000SA 板 JTAG 上(注意:若方向有误,将不能插入)。

(3)打开计算机电源，当计算机启动完毕后，打开仿真器和 DSP67XEVM 板电源，板上 3.3V、1.8V 电源指示灯均亮，若不亮，请立即关闭 EVM 电源，检查连线和电源电压。

(4)双击桌面上 CCS 图标，进入 CCS 操作环境。

(5)建立工程，编写源程序，调试。

(6)在创建的工程文件中，加入*.CMD 文件和*.LIB。

(7)在 Projet→Build Options 中设置添加文件的路径。

(8)运行程序，在 CCS 平台上观测输入输出图像，选择：View→Graph→Image。

(9)图像显示设置如图 22-1 所示。

(10)或打开光盘中的 program\fft 目录下的 fft.pjt(范例)，编译、运行，可以观测实验结果。

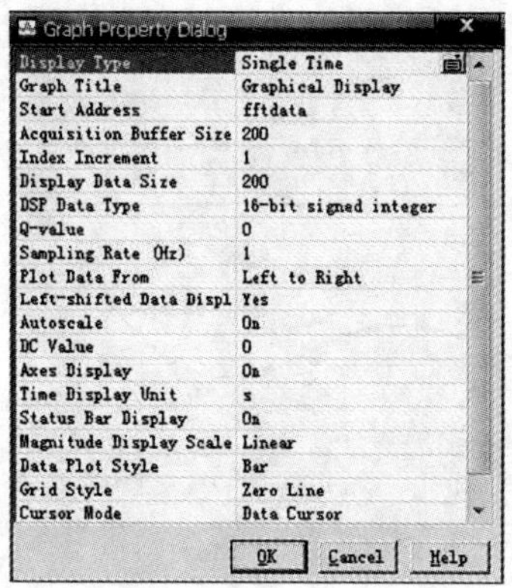

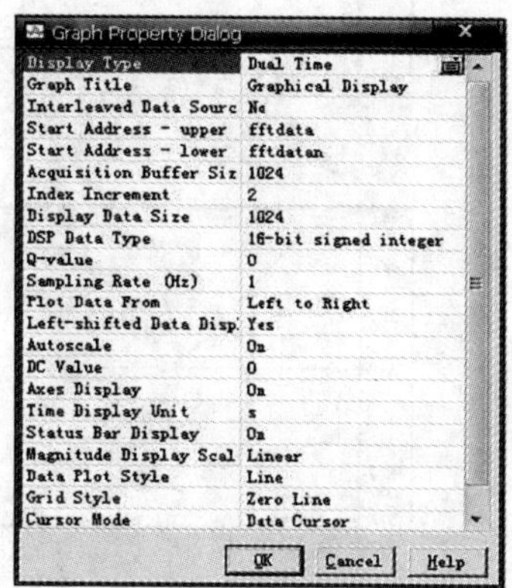

图 22-1 图像设置

六、实验程序流程图及实验结果

实验程序流程图及实验结果如图 22-2、图 22-3 所示。

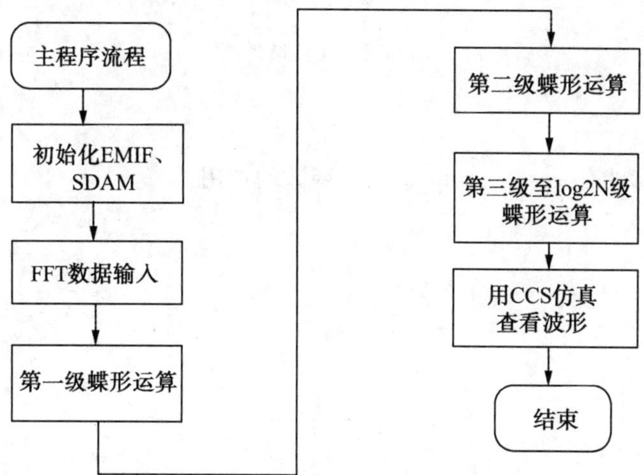

图 22-2 实验流程图

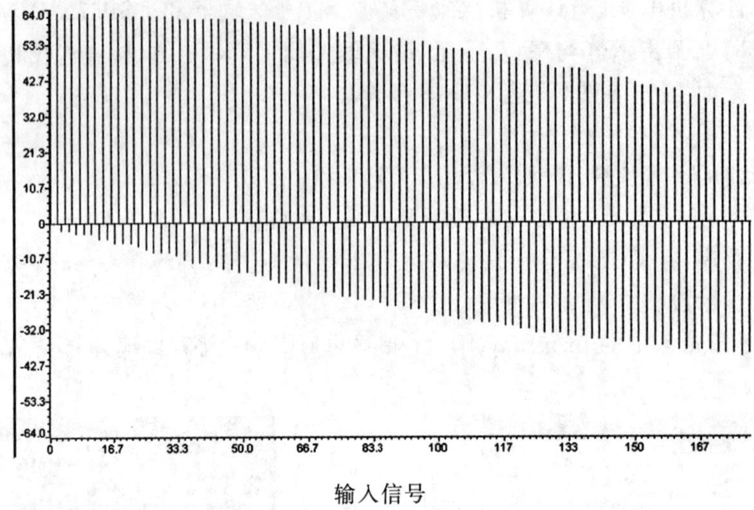

输入信号

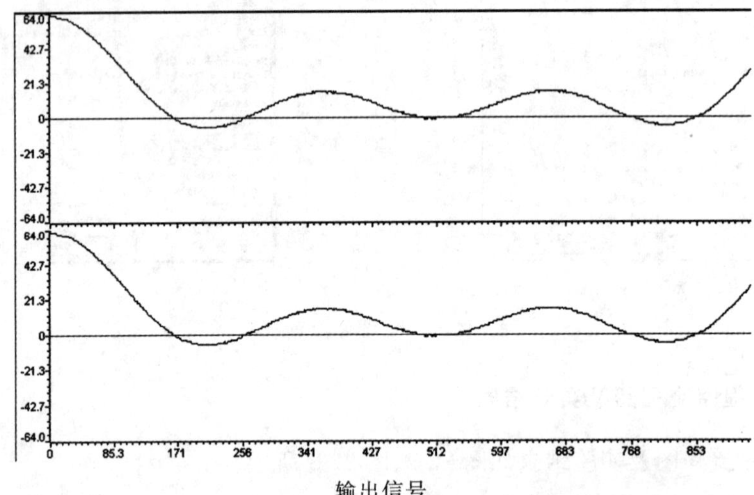

输出信号

图 22-3　实验结果图

七、思考题

理解参考程序中的 cosine，sine 这两个函数的作用。

实验 23* 基于 CCS 的中值滤波算法

一、实验目的

(1)熟悉并掌握 DSP6711 系统硬件资源的连接和使用的方法;了解图像系统的组成、工作流程和基本原理。

(2)学会使用 CodeComposerStudio2. 0ForC6000 的启动、退出,熟悉编辑、编译 DSP 应用程序的操作。

(3)对 DSP 应用程序的结构有所了解,掌握工程文件的开启和关闭操作;了解工程文件的内容。

(4)了解并掌握运用中值滤波方法,通过观察中值滤波运算建立感性认识,对 DSP 在数字图像处理中的作用和所处的位置有形象地了解。

(5)了解 TMS320C6711DSP 的运行速度和操作模式。

二、实验设备

(1)PC 机一台。

(2)NvDK-6000SA 嵌入式网络图像与视频实验开发系统一套。

三、实验原理(中值滤波原理)

中值滤波是一种非线性的信号处理方法。中值滤波一般采用一个含有奇数个点的滑动窗口,将窗口中各点灰度的中值来代替指定点(一般是窗口的中心点)的灰度值。对于奇数个元素,中值是指按大小排序后,中间的数值;对于偶数个元素,中值是指排序后中间两个元素灰度值的平均值。中值滤波在一定程度上可以克服在采用诸如最小均方滤波、邻域均值滤波等线性低通滤波消除噪声时,会将图像细节模糊掉的缺点,中值滤波尤其对图像中的脉冲噪声、扫描噪声等能有较好的滤波效果,但是对于含有过多细节的图像,处理效果一般不会太好。

中值滤波器根据其计算方法,可以称为非线性滤波器中的排序统计滤波器,这一类滤波器并不是通过计算均值或方差来实现滤波的,而是基于统计理论的。在实现上它与邻域平均的滤波方式有些类似,也是采用类似卷积的方式对邻域进行运算,所不同的是中值滤波在这里不是简单的加权求和,而是先把邻域像素按灰度级进行排序,然后再选择该组的中间值作为模版输出结果。由于中值滤波在算法设计上使与周围像素灰度值相差较大的点处理后能和周围的像素值比较接近，因此可衰减随机噪声，尤其是脉冲噪声等，但由于在处理时并不是简单地取均值，因此产生的模糊要少得多。

四、实验内容

(1)熟悉 CCS 的操作环境。

(2)编写 TMS320C6711DSP 初始化程序。

(3)编写图像采集程序。

(4)编写中值滤波程序。

五、实验步骤

(1)将 DSP 仿真器与计算机并口(打印机口)连接好。

(2)将 DSP 仿真器 JTAG 头插入 NvDK-6000SA 板 JTAG 上(注意：若方向有误，将不能插入)。

(3)打开计算机电源，当计算机启动完毕后，打开仿真器和 DSP67XEVM 板电源，板上 3.3V、1.8V 电源指示灯均亮，若不亮，请立即关闭 EVM 板电源，检查连线和电源电压。

(4)双击桌面上 CCS 图标，进入 CCS 操作环境。

(5)创建工程，编写源程序，调试。

(6)在创建的工程文件中，加入*.CMD 文件和*.LIB、*.OBJ(原始图像)文件。

(7)在 Projet→Build Options 中设置添加文件的路径。

(8)运行程序，在 CCS 平台上观测输入输出图像，选择：View→Graph→Image。

(9)图像显示设置如图 23-1 所示。

(10)或打开光盘中的 program\Median 目录下的 Median.pjt(范例)，编译、运行，可以观测实验结果。

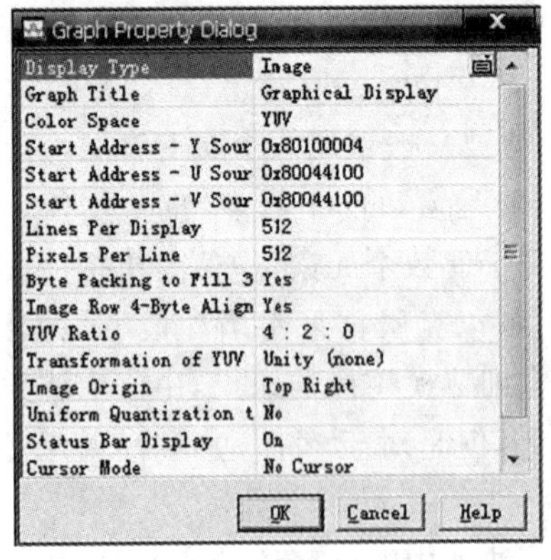

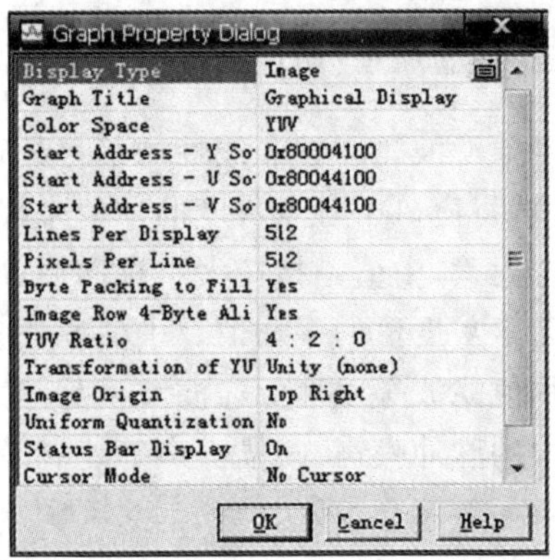

图 23-1　图像设置

六、实验程序流程及实验结果

实验程序流程图及实验结果如图 23-2、图 23-3 所示。

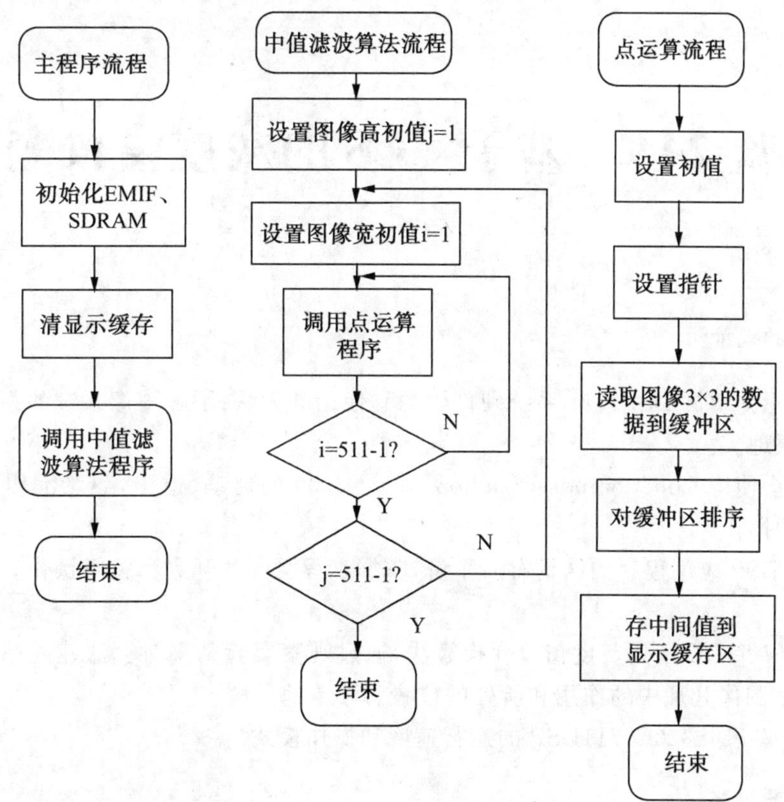

图 23-2　实验流程图

图像处理前

图像中值滤波处理后

图 23-3　实验结果图

七、思考题

变换中值滤波窗口观察滤波结果并作出分析。

实验 24* 基于 CCS 的灰度窗口变换

一、实验目的

(1)熟悉并掌握 DSP6711 系统硬件资源和使用的方法;了解图像系统的组成、工作流程和基本原理。

(2)学会使用 CodeComposerStudio2.0ForC6000 的启动、退出,熟悉编辑、编译 DSP 应用程序的操作。

(3)对 DSP 应用程序的结构有所了解,掌握工程文件的开启和关闭操作;了解工程文件的内容。

(4)了解并掌握运用灰度窗口变换算法,通过观察实验结果对算法建立感性认识,对 DSP 在数字图像处理中的作用和所处的位置有形象地了解。

(5)了解 TMS320C6711DSP 的运行速度和操作模式。

二、实验设备

(1)PC 机一台。

(2)NvDK-6000SA 嵌入式网络图像与视频实验开发系统一套。

三、实验原理

灰度窗口变换是一种常见的点运算,其操作和阈值变换相类似。它限定一个窗口范围,该窗口中的灰度值保持不变;小于该窗口下限的灰度值直接设置为 0;大于该窗口上限的灰度值设置为 255。灰度窗口变换的变换函数表达式如下:

$$f(x)=\begin{cases}0, & x<L\\ x, & L\leqslant x\leqslant U\\ 255, & x>U\end{cases}$$

式中,L 表示窗口的下限,U 表示窗口的上限。灰度窗口变换非常实用,它可用于去除图像中不重要的部分,以集中处理所关心的部分。

四、实验内容

(1)熟悉 CCS 的操作环境。

(2)编写 TMS320C6711DSP 初始化程序。

(3)编写灰度窗口变换算法程序。

五、实验步骤

(1)将 DSP 仿真器与计算机并口(打印机口)连接好。

(2)将 DSP 仿真器 JTAG 头插入 NvDK-6000SA 板 JTAG 上(注意:若方向有误,将不能插入)。

(3)打开计算机电源,当计算机启动完毕后,打开仿真器和 DSP67XEVM 板电源,板上 3.3V、1.8V 电源指示灯均亮,若不亮,请立即关闭 EVM 板电源,检查连线和电源电压。

(4)双击桌面上 CCS 图标,进入 CCS 操作环境。

(5)创建工程,编写源程序,调试。

(6)在创建的工程文件中,加入*.CMD 文件和*.LIB、*.OBJ(原始图像)文件。

(7)在 Projet→Build Options 中设置添加文件的路径。

(8)运行程序,在 CCS 平台上观测输入输出图像,选择:View→Graph→Image。

(9)图像显示设置如图 24-1 所示。

(10)或打开光盘中的 program\windows 目录下的 windows.pjt(范例),编译、运行,可以观测实验结果。

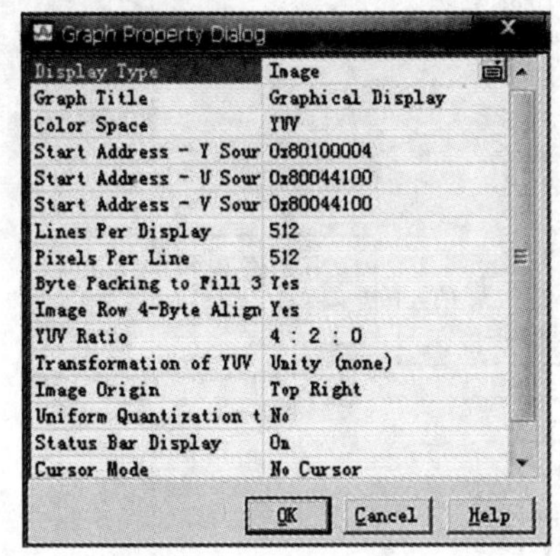

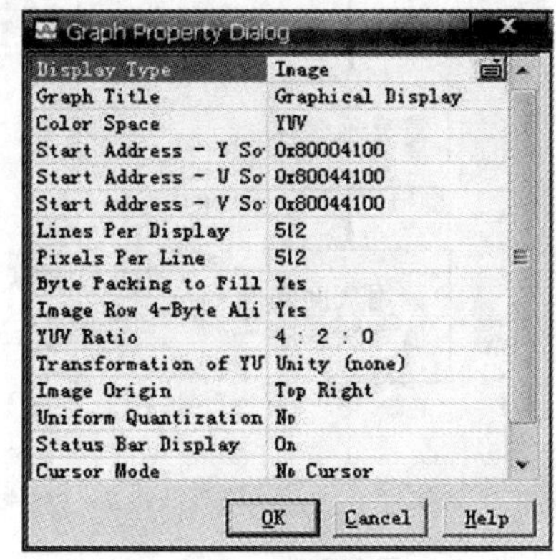

图 24-1 图像设置

六、实验结果图及程序流程图

实验结果及程序流程图如图 24-2、图 24-3 所示。

图像处理前

图像处理后

图 24-2　实验结果图

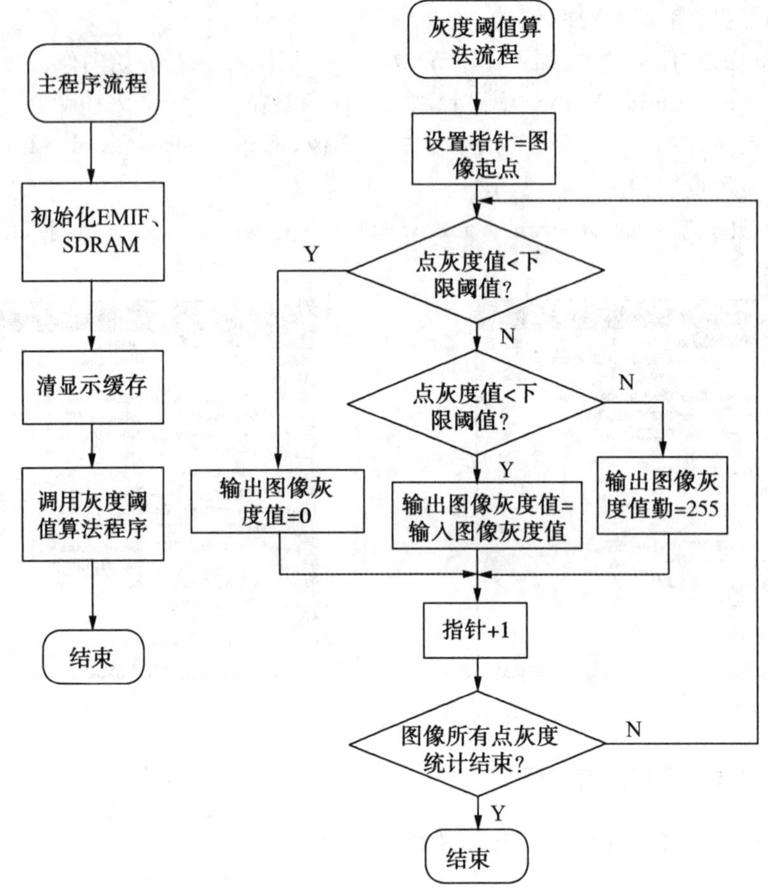

图 24-3　实验流程图

七、思考题

试着编写灰度窗口变换算法程序。

附 录

附录一 MATLAB 简介

一、开发环境

MATLAB 是一种流行的、应用广泛的工程计算和仿真软件，它的产生是与数学计算紧密联系在一起的。MATLAB 是一个交互式开发系统，其基本数据要素是矩阵。

MATLAB 系统由开发环境、MATLAB 语言、数学函数库、图形处理系统和应用程序接口(API)五大部分组成。

MATLAB 开发环境是一个集成的工作环境，如附图 1-1 所示。

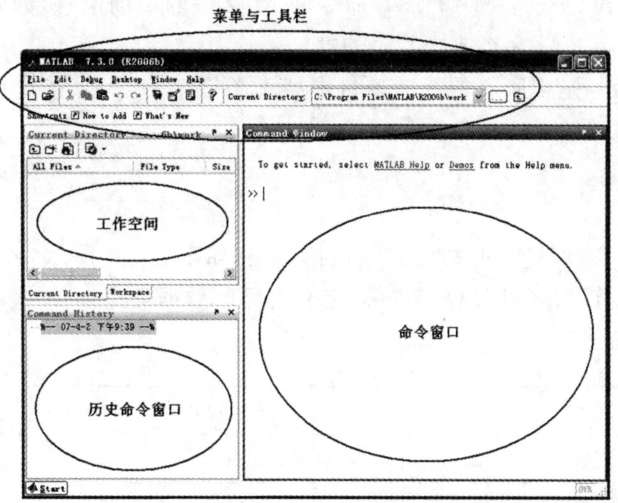

附图 1-1　MATLAB 环境设置框图

工具栏是在编程环境下提供的对常用命令的快速访问，当鼠标停留在工具栏的按钮上时，就会显示出该按钮的功能。

在命令窗口中输入 MATLAB 的命令和数据后按回车键，立即执行运算并显示结果。

MATLAB 在命令窗口中的语句形式为：

≫变量＝表达式；

说明：命令窗口中的每个命令行前会出现提示符"≫"，没有"≫"符号的行则是显示的结果。

查看工作目录下文件的相关信息的常用命令如下：

(1)what：列出当前目录下的 M、MAT、MEX 文件清单。

(2)dir：显示当前目录或指定当前目录下的文件。

(3)cd 路径：改变或显示当前工作目录；路径可省略，省略时显示当前工作目录；cd.. 表示回到上一级目录。

(4)type：显示文件内容。

(5)delete：删除文件。

(6)which 文件名：指出 M 文件、MEX 文件、工作空间变量、内置函数或 Simulink 模型所在的目录。

打开 M 文件编辑/调试器窗口的方法有：

(1)单击 MATLAB 工作界面工具栏上的图标。

(2)单击菜单"File"→"New"→"M-file"创建新 M 文件。

(3)单击 MATLAB 工作界面上的图标，打开相应文件。

(4)单击菜单"File"→"Open…"，在出现的"Open"对话框中选择文件名后单击"打开"按钮，打开相应文件。

(5)用鼠标双击当前目录窗口中的 M 文件，可直接打开相应的文件。

在 MATLAB 中使用帮助命令：

(1)help 命令可以获得 MATLAB 命令和 M 文件的帮助信息，如果知道准确的命令名称或主题词，使用 help 命令来查找最快捷。

(2)lookfor 命令是在所有的帮助条目中搜索关键字，常用来查找具有某种功能而不知道准确名字的命令。

二、基本运算

MATLAB 定义的基本的数据类型，包括整型（如附表 1-1 所示）、浮点型（如附表 1-2 所示）、字符型和逻辑型等，用户甚至可以定义自己的数据类型。

附表 1-1

数据类型	表示范围	类型转换函数
无符号 8 位数 uint8	$0 \sim 2^{8}-1$	uint8()
无符号 16 位数 uint16	$0 \sim 2^{16}-1$	uint16()
无符号 32 位数 uint32	$0 \sim 2^{32}-1$	uint32()
无符号 64 位数 uint64	$0 \sim 2^{64}-1$	uint64()

续表

数据类型	表示范围	类型转换函数
有符号 8 位数 int8	$2^{-7} \sim 2^{7}-1$	int8()
有符号 16 位数 int16	$2^{-15} \sim 2^{15}-1$	int16()
有符号 32 位数 int32	$2^{-31} \sim 2^{31}-1$	int32()
有符号 64 位数 int64	$2^{-63} \sim 2^{63}-1$	int64()

附表 1-2

数据类型	存储空间	表示范围	类型围换函数
单精度型 single	4 字节	$-3.40282\times10^{38} \sim +3.40282\times10^{38}$	single()
双精度型 double	8 字节	$-1.76769\times10^{308} \sim +1.76769\times10^{308}$	double()

MATLAB 的变量命名规则如下：

(1)变量名区分字母的大小写。例如，“a”和“A”是不同的变量。

(2)变量名不能超过 63 个字符，第 63 个字符后的字符被忽略。

(3)变量名必须以字母开头，变量名的组成可以是任意字母、数字或者下划线，但不能含有空格和标点符号(如“，”“。”“%”等)。

(4)关键字(如 if、while 等)不能作为变量名。

特殊变量如果附表 1-3 所示。

附表 1-3

特殊变量名	取值	特殊变量名	取值
ans	运算结果的默认变量名	i 或 j	$i=j=\sqrt{-1}$，虚数单位
pi	圆周率 π	nangin	函数的输入变量数目
eps	浮点数的相对误差	nangout	函数的输入变量数目
inf 或 INF	无穷大，如 1/0	realmin	最小的可用正实数
NaN 或 nan	不定值，如 0/0，∞/∞，0×∞	realmax	最大的可用正实数

1. 矩阵的创建

在 MATLAB 中，矩阵是 m 行 n 列($m\times n$)的二维数组，需要使用“[]”、“，”、“；”、空格等符号创建。矩阵的创建应遵循以下基本常规：

(1)矩阵元素应用方括号([])括住。

(2)每行内的元素间用逗号(，)或空格隔开。

(3)行与行之间用分号(；)或回车键隔开。

(4)元素可以是数值或表达式。

2. 矩阵和数组的算术运算

矩阵的基本运算是＋、－、×、÷和乘方(^)等。

(1)$A+B$ 和 $A-B$　　　　　　%矩阵的加、减运算

(2)$A*B$　　　　　　%矩阵的乘法运算

(3)$A\backslash B$　　　　　　%矩阵的除法运算——左除

A/B　　　　　　%矩阵的除法运算——右除

(4)$A\hat{}B$　　　　　　%矩阵的乘方

(5)A'　　　　　　%矩阵 A 的转置

数组的乘、除、乘方和转置运算符号为矩阵的相应运算符前面加“.”，数组的乘、除、乘方和转置运算格式如下：

(1)$A.*B$　　　　%数组 A 和数组 B 对应元素相乘

(2)$A./B$　　　　%数组 A 除以数组 B 的对应元素

(3)$A.\backslash B$　　　　%数组 B 除以数组 A 的对应元素

(4)$A.\hat{}B$　　　　%数组 A 的乘方

(5)$A.'$　　　　%数组 A 的转置

如：输入≫ A=[16 3; 5 10]，得

```
A=    16    3
       5   10
```

输入≫ B=[3 4 5 6 7 8]

```
得 B=3  4  5
     6  7  8
```

如：求向量的转置≫ a=[1 2 3];

≫ a'

得：ans=

```
1
2
3
```

三、数据的可视化

1. 基本绘图函数

MATLAB 中最基本的绘图函数是绘制曲线函数 plot。

plot(y)　　　　　　%绘制以 y 为纵坐标的二维曲线

plot(x,y)　　　　　　%绘制以 x 为横坐标 y 为纵坐标的二维曲线

plot($x1$,$y1$,$x2$,$y2$,…)　　%在同一窗口绘制多条二维曲线图

说明：x 和 y 可以是实数向量或矩阵，也可以是复数向量或矩阵。

当 plot(x,y)命令中的参数 x 和 y 是向量或矩阵时，分别有以下几种情况：

(1)x 是向量 y 是矩阵时：x 的长度与矩阵 y 的行数或列数必须相等，如果 x 的长度与 y 的每列元素个数相等，向量 x 与 y 的每列向量画一条曲线；如果 x 的长度与 y 的每行元素个数相等，则向量 x 与矩阵 y 的每行向量对应画一条曲线；如果 y 是方阵，x 和 y 的行数和列数都相等，则向量 x 与矩阵 y 的每列向量画一条曲线。

(2)x 是矩阵 y 是向量时：y 的长度必须等于 x 的行数或列数，绘制的方法与前一种相似。

(3)x 和 y 都是矩阵时：x 和 y 大小必须相同，矩阵 x 的每列与 y 的每列画一条曲线。

在 plot 函数中还可以通过字符串参数来设置曲线的线型、颜色和数据点形等，命令格式如下：

$$\text{plot}(x,y,s)$$

说明：s 为字符串，设置曲线的线型、颜色和数据点形等的，线型、颜色与数据点形参数。

图形注释是对打开的正在编辑的图形进行文字标注，文字标注包括设置标题(title)、设置坐标轴标签(label)、设置图例(legend)和添加标注元素(annotation)。

例 1-1 在图形中设置曲线的不同线型和颜色并绘制图形。

解：MATLAB 源程序为：

```
>> x=0:0.2:10;
>> y=exp(-x);
>> plot(x,y,'ro-.')
>> hold on
>> z=sin(x);
>> plot(x,z,'m+:')
```

运行结果如附图 1-2 所示。

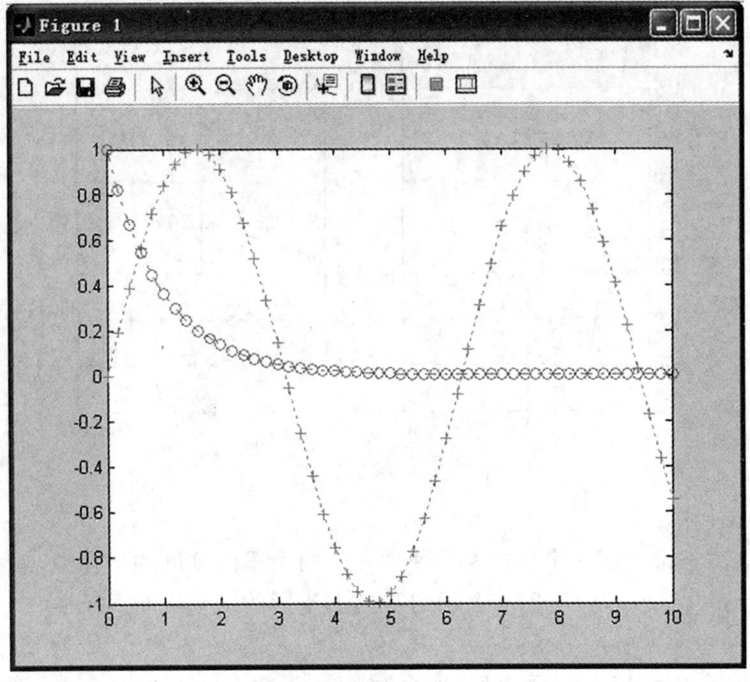

附图 1-2

2. 多个图形的绘制

(1)同一个窗口多个子图

使用 subplot 函数建立子图，subplot 函数的命令格式如下：

subplot(m,n,i)　%将窗口分成($m\times n$)幅子图中，第 i 幅为当前图

说明：subplot 中的逗号(,)可以省略；子图的编排序号原则是：左上方为第 1 幅，先从左向右后从上向下依次排列，子图彼此之间独立。

如 MATLAB 源程序为：

```
>> x=0:0.1:10;
>> f=figure;
>> f1=subplot(1,2,1);
>> plot(x,cos(x),'r');
>> grid on;
>> title('Cosine')
>> f2=subplot(1,2,2);
>> plot(x,sin(x),'d');
>> grid on;
>> title('Sine');
```

运行结果如附图 1-3 所示。

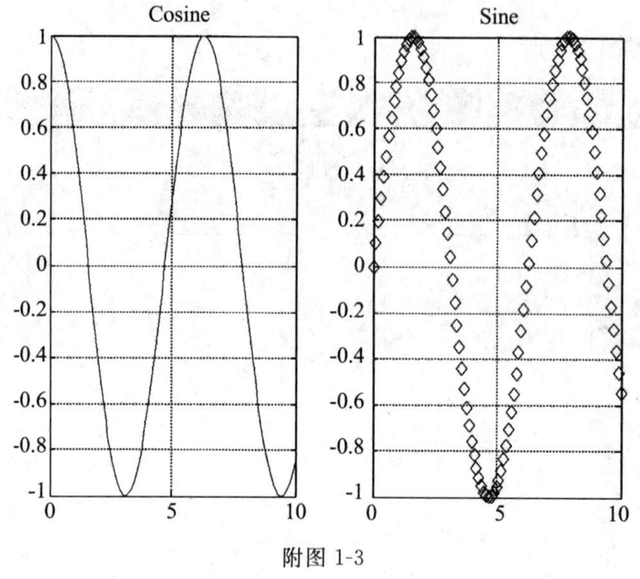

附图 1-3

(2)双纵坐标图

双纵坐标图是指在同一个坐标系中使用左右两个不同刻度的坐标轴，其命令格式为：

plotyy($x1$,$y1$,$x2$,$y2$)　%以左、右不同的纵轴绘制两条曲线

(3)同一窗口多次叠绘

使用 hold 命令可以保留原图形，使多个 plot 函数在一个坐标系中不断叠绘。hold on、hold off、hold、hold all。

(4) 指定图形窗口的命令格式为：

figure(n)　%产生新图形窗口

3. 特殊图形

在 MATLAB 的 Workspace 窗口中，如果选择了 Workspace 窗口中的某个内存变量，单击工具栏中的绘制列数据曲线按钮(Plot)，出现下拉的菜单可以绘制各种不同的特殊图形。

(1)离散数据图

①stem 函数：将数据用一个垂直于横轴的火柴棒表示，火柴头的小圆表示数据点，其命令格式为：

stem(x,y,参数)　%绘制火柴杆图

②stairs 函数：stairs 函数用于绘制阶梯图，其命令格式为：

stairs(x,y,'线型')　%绘制阶梯图

(2)柱状图

柱状图常用于对统计的数据进行显示，便于观察在一定时间段中数据的变化趋势，比较不同组数据集以及单个数据在所有数据中的分布情况，特别适用于少量且离散的数据，其命令格式为：

bar(x,y,width,参数)　%画柱状图

(3)面积图

面积图与柱状图相似，只不过是将一组数据的相邻点连接成曲线，然后在曲线与横轴之间填充颜色，适合于连续数据的统计显示，其命令格式为：

area(x,y)　%画面积图

(4)饼形图

饼形图适用于显示向量或矩阵中各元素占总和的百分比，其命令格式为：

pie(x,explode,'label')　%画二维饼形图

①x 是向量，用于绘制饼形图。

②explode 是与 x 同长度的向量，用来决定是否从饼图中分离对应的一部分块，非零元素表示该部分需要分离。

③'label'是用来标注饼形图的字符串数组。

(5)直方图

直方图又称为频数直方图，适于显示数据集的分布情况并具有统计的功能，其命令格式为：

hist(y,n)　%统计每段的元素个数并画出直方图

N=hist(y,x)

说明：

n 分段的个数，n 省略时则默认为分成 10 段。

x 是向量，用于指定所分每个数据段的中间值。

y 可以是向量或矩阵，如果是矩阵则按列分段。

N 是每段元素个数，N 可省略。

4. 特殊坐标轴图形绘制

(1)极坐标图的命令格式为:

polar(theta,rho,参数)　%根据相角 theta 和离原点的距离 rho 绘制极坐标图

如 MATLAB 源程序为:

```
theta= -pi:0.01:pi;        % Computations
rho  = 2*sin(5*theta).^2;
polar(theta,rho)            % Graphics output
```

输出结果如附图 1-4 所示。

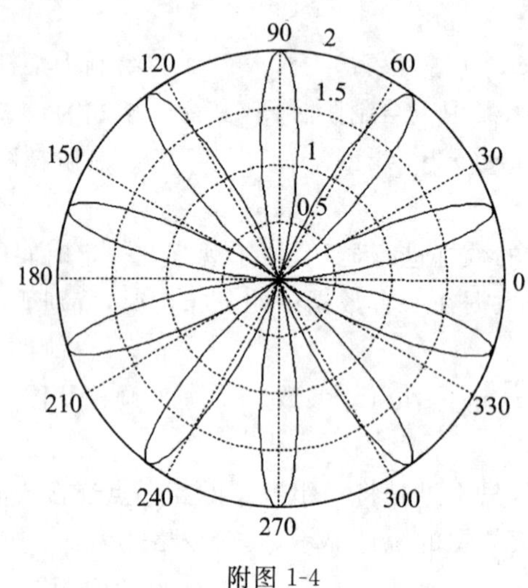

附图 1-4

(2)对数坐标图

对数坐标图是指坐标轴的刻度不是线性刻度而是对数刻度,semilogx 和 semilogy 函数分别绘制对 X 轴和 Y 轴的半对数坐标图,loglog 是双对数坐标图,其命令格式为:

semilog$x$($x1$,$y1$,'线型',$x2$,$y2$,'线型',…)　　%绘制 x 为对数的多条曲线

semilog$y$($x1$,$y1$,'线型',$x2$,$y2$,'线型',…)　　%绘制 y 为对数的多条曲线

loglog($x1$,$y1$,'线型',$x2$,$y2$,'线型',…)　　%绘制 x、y 都为对数的多条曲线

5. 三维绘图

(1)三维曲线图

三维曲线图的命令格式为:

plot3(x,y,z,'线型')　　%绘制三维曲线

说明:x,y,z 必须是相同尺寸的数组,当是向量时则绘制一条三维曲线,当是矩阵时绘制多条曲线,三维曲线的条数等于矩阵的列数。

(2)三维曲面图

三维曲面图包括三维网线图和三维表面图,三维曲面图与三维曲线图的不同是三维曲线图是以线来定义,而三维曲面图是以面来定义,因此面上的点都要连接起来。

①产生矩形网格的命令格式为:

[X,Y]=meshgrid(x,y)　　%产生 XY 矩形网格

说明：x 和 y 分别是有 n 个和 m 个元素的一维数组，X 和 Y 都是 $n\times m$ 的矩阵，每个 (X,Y) 对应一个网格点；如果 y 省略，则 X 和 Y 都是 $n\times n$ 的矩阵。

②三维网线图：三维网线图就是将平面上的网格点 (X,Y) 对应 z 值的顶点画出，并将各顶点用线连接起来，其命令格式为：

mesh(X,Y,Z,C) %绘制网格点数据对应的三维网线

例 1-2 绘制 $z=x^2+y^2$ 的三维网线图。

解：MATLAB 源程序为：

```
>> x=0:10;
>> [X,Y]=meshgrid(x) %y省略则表示x=y
>> Z=X.^2+Y.^2;
>> mesh(X,Y,Z)
```

运行结果如附图 1-5 所示。

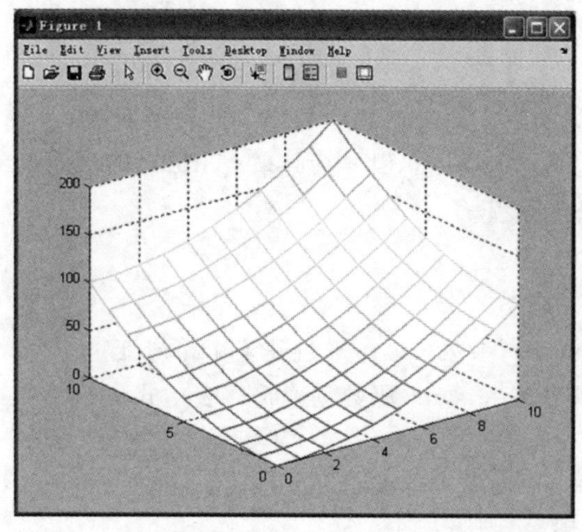

附图 1-5

③三维表面图：三维表面图与网线图相似，但不同的是网线图中网格范围内的区域为空白，而三维表面图则用颜色来填充，其命令格式为：

surf(X,Y,Z,C) %绘制网格点数据对应的三维表面图

另外，surf 函数还有两个派生的函数 surfc 和 surfl，surfc 用来绘制三维表面图并加等高线，surfl 用来绘制三维表面图并加光照效果

6. 图形的打印和输出

在 MATLAB 中对图形打印可以通过打印预览窗口进行设置，可以设置打印到纸或文件，并可以进行页面设置、打印预览。

在 MATLAB 中导出图形文件使用菜单“File”→“Export Setup…”。图形文件的保存格式有. fig、. bmp、. emf、. jpg、. pdf、. tif、. pcx 和. png 等常用图形文件格式。

四、符号运算

自然科学理论分析中，各种各样的公式、关系式及其推导就是符号运算要解决的问

题。Matlab 开发了实现符号计算的工具包 Symbolic Math Toolbox。符号数学工具箱中的工具建立在功能强大的 Maple 基础上，最初是由加拿大的滑铁卢（Waterloo）大学开发出来的。

符号工具箱能够实现微积分运算、线性代数、表达式的化简、求解代数方程和微分方程、不同精度转换和积分变换，符号计算的结果可以图形化显示等，MATLAB 的符号运算功能完整而方便。

1. 基本操作

数值运算中，必须先对变量赋值，然后才能参与运算；符号运算无须事先对独立变量赋值，运算结果以标准的符号形式表达。

符号常量是不含变量的符号表达式，用 sym 函数来创建。符号变量是内容可变的符号对象，它的命名规则和数值变量的命名规则相同，相关指令为：sym() 和 syms()。符号表达式是由符号常量、符号变量、符号函数运算符以及专用函数连接起来的符号对象。

(1)sym 函数

S＝sym(*s*,参数)　　　　　　　%由数值创建符号对象

S＝sym('*s*',参数)　　　　　　%由字符串创建符号对象

说明：字符串表达式一定要用单引号括起来 Matlab 才能识别。单引号里的内容可以是函数表达式，也可以是方程。

(2)syms 函数

syms(*s*1,*s*2,*s*3,…,参数)

或　syms *s*1,*s*2,*s*3,…,参数　　　　%创建多个符号变量

例 1-3　分别使用 sym 和 syms 函数创建符号表达式。

```
>> syms a b c x
>> f1=a*x^2+b*x+c
f1 =
a*x^2+b*x+c
>> f2=sym('y^2+y+1')     %创建符号表达式
f2 =
y^2+y+1
>> f3=sym('sin(z)^2+cos(z)^2=1')  %创建符号方程
f3 =
sin(z)^2+cos(z)^2=1
```

可以用 class()来返回对象的数据类型，用 whos 查看所有变量类型。

符号矩阵的创建命令格式为：A＝sym('[　　　　　　]')

2. 符号运算

符号运算无论在形状、名称上，还是在使用方法上，多与数值计算相同。只是在符号对象的比较中，没有“大于”、“大于等于”、“小于”、“小于等于”的概念，而只有是否“等于”的概念。下面就课程中相关的符号运算进行介绍：

(1)factor 函数

factor 函数将符号多项式进行因式分解，将多项式分解成低阶多项式相乘，如果不能

分解则返回原来的符号多项式。

例 1-4 将 $f(x)=x^3+6x^2+11x-6$ 进行因式分解。

解：$f(x)=x^3+6x^2+11x-6$ 的因式分解形式为 $f(x)=(x-1)(x-2)(x-3)$。

MATLAB 源程序为：

```
>> syms x t
>> f1=x^3-6*x^2+11*x-6;
>> g1=factor(f1)
```

运行结果：g1=

(x - 3)*(x - 1)*(x - 2)

(2)微分

对符合表达式进行微分运算的函数是 diff()，有如下几种调用格式：

diff(f)——对缺省变量求 f 的微分

diff(f,v)——对指定变量 v 求微分

diff(f,n)——对默认变量求 n 阶微分

diff(f,v,n)——对指定变量 v 求 f 的 n 阶微分

(3)积分

对符合表达式进行积分运算的函数是 int()，有如下几种调用格式：

int(f)——对 f 表达式的缺省变量求不定积分

int(f,v)——对 f 表达式的 v 变量求不定积分

int(f,v,a,b)——对 f 表达式的 v 变量在(a,b)区间求定积分

说明：当函数的积分不存在时，Matlab 将简单地返回原来的积分表达式。

(4)符号积分变换

连续时间信号的傅里叶变换、拉普拉斯变换，以及离散时间信号的 Z 变换的调用格式：

F=fourier(f,t ,w)　　%求以 t 为符号变量 f 的 fourier 变换 F

f=ifourier (F,w,t)　　%求以 w 为符号变量的 F 的 fourier 反变换 f

F=laplace(f,t,s)　　%求以 t 为变量 f 的 Laplace 变换 F

f=ilaplace(F,s,t)　　%求以 s 为变量的 F 的 Laplace 反变换 f

F= ztrans (f,n,z)　　%求以 n 为变量的 f 的 Z 变换 F

f=iztrans(F,z,n)　　%求以 z 为变量的 F 的 z 反变换 f

例 1-5

(1)使用 fourier 和 ifourier 函数对符号表达式 $sin(x)$ 进行积分变换。

(2)求单位阶跃函数和 $f(t)=e^{-3t}\sin t$ 的拉普拉斯变换。

(3)求单位阶跃序列的 Z 变换。

解：(1)MATLAB 源程序为：

```
>> syms x
>> f1=sin(x);
>> ff1=fourier(f1) %fourier变换
```

运行结果：ff1＝

　　i∗pi∗(－dirac(w－1)＋dirac(w＋1))

```
>> if1=ifourier(ff1) %fourier反变换
```

运行结果：if1＝

　　sin(x)

(2)MATLAB 源程序为：

```
>> syms t w s
>> lf1=laplace(heaviside(t))
>> lf2=laplace(exp(-3*t)*sin(t))
```

运行结果：lf1＝

　　1/s

　lf2＝

　　1/((s＋3)^2＋1)

(3)MATLAB 源程序为：

```
>> syms k n z
>> f1= ones();
>> zf1=ztrans(f1,n,z)
```

运行结果：zf1＝

　　heaviside(t)∗z/(z－1)

(5)微分方程的求解

符号微分方程的求解指令：dsolve，命令格式为：dsolve(' eqn ',' cond ',' v ')

其中：eqn 是微分方程，最多可允许 12 个微分方程的求解。cond 是初始条件(可省略)，应写成' y(a)＝b，Dy(c)＝d '的格式；当初始条件少于微分方程数时，在所得解中将出现任意常数符 C1，C2，…解中任意常数符的数目等于所缺少的初始条件数，是微分方程的通解。v 是符号变量，表示微分自变量，可省略，如果省略则默认为符号变量 t。微分方程的各阶导数项以大写字母 D 表示，D2、D3 分别表示二阶、三阶微分，y 的一阶导数 $\mathrm{d}y/\mathrm{d}t$ 表示为 Dy。

例 1-6　已知一微分方程 $y''(t)+2y'(t)+2y(t)=0$，$y(0)=1$，$y'(0)=0$，求该方程的解。

解：MATLAB 源程序为：

```
y=dsolve('D2y+2*Dy+2*y=0','y(0)=1','Dy(0)=0')
ezplot(y)
```

运行结果：y＝cos(t)/exp(t)＋sin(t)/exp(t)

方程解的波形图如附图 1-6 所示。

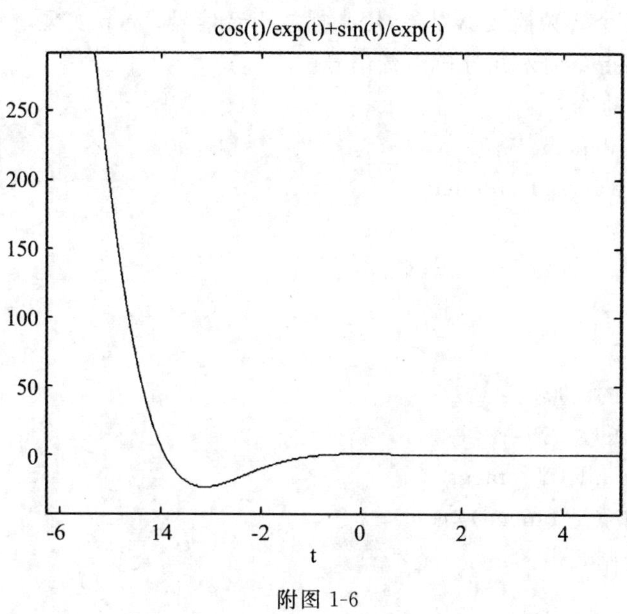

附图 1-6

五、图像和声音

MATLAB 的图像处理工具箱可以读入、显示和处理多种标准的图像格式文件，包括. bmp、. gif、. jpg、. tif、. png、. hdf、. pcx、. xwd、. ico 和. cur 等。

1. 图像

图像类型包括索引图像、灰度(强度)图像与 RGB(真彩)图像三种。图像文件可以使用 imfinfo 函数查询其信息，包括文件名、文件大小、图像尺寸、图像类型和每个像素的位数等信息。

图像的读写命令格式：

```
[x,map]= imread(filename,fmt)          %读取图像文件
imwrite(x,map,filename,fmt)            %写入图像文件
```

说明：x 是图像文件的数据矩阵；map 是颜色表矩阵，可省略，当 imread 读取的不是索引图像时则为[]，当 imwrite 写入的不是索引图像，map 省略；filename 是图像文件名；fmt 是文件格式，如' bmp '、' cur '、' gif '、' jpg '或' ico '等，可省略。

图像的显示命令格式：

```
h=imshow(x,[low high])          %按颜色表设定显示灰度图像
h=imshow(x,map)                 %显示图像
h=imshow(filename)              %显示图像文件
```

2. 声音

MATLAB 提供了 auread 和 wavread 函数分别读取. au 和. wav 声音文件的数据，auwrite 和 wavwrite 函数将声音数据写入文件，aufinfo 和 wavfinfo 函数用来获取“. au”和“. wav”文件的信息。

sound 和 soundsc 函数实现将向量转换为音频信号，并转换到 speaker 进行的播放；

audioplayer 创建一个音频播放器对象,用来播放声音信号;beep 实现响铃。

可以参考下列指令读入并分析声音信号。

载入声音数据指令:

```
y=wavread('filename');
[y,fs,bits]=wavread('filename')
```

播放指令:

```
[y,fs,bits]=wavread('test.wav');
wavplay(y,fs);
```

或 sound(y,fs);

绘制声音信号的波形图:

```
Y_omega=fft(y,4096);
Y_omega=fftshift(Y_omega);
figure;plot(abs(Y_omega));
```

映射到频域绘制频谱图:

```
figure;
plot(linspace(-fs,fs,4096),abs(Y_omega));
axis tight;
```

聆听不同频率下的声音信号:

```
sound(y,fs);
sound(y,fs*2);
sound(y,fs*4);
sound(y,fs/2);
sound(y,fs/4);
```

六、线性系统的分析应用

1. 系统函数

线性系统的系统函数可以表示成复数变量 s 的有理函数式:

$$H(s)=\frac{N(s)}{D(s)}=\frac{b_m s^m+b_{m-1}s^{m-1}+\cdots+b_1 s+b_0}{s^n+a_{n-1}s^{n-1}+\cdots+a_1 s+a_0}$$

调用格式:H=tf (num, den)

其中 $num=[b_m \quad b_{m-1} \quad \cdots \quad b_0]$,$den=[1 \quad a_{n-1} \quad \cdots \quad a_0]$分别是传递函数分子和分母多项式的系数向量,按照 s 的降幂排列,返回值 H 是一个 tf 对象,该对象包含了传递函数的分子和分母信息。

对于系统函数的分母或分子有多项式相乘的情况,MATLAB 提供了求两个向量的卷积函数 conv()函数,求多项式相乘来解决分母或分子多项式的输入。conv()函数允许任意地多层嵌套,从而表示复杂的计算。

如系统函数为如下的零极点模型

$$H(s)=\frac{k(s-z_1)\cdots(s-z_m)}{(s-p_1)\cdots(s-p_n)}$$

则调用格式：H＝zpk（z,p,k）。

例 1-7 线性系统的系统函数为：

(1) $H(s)=\dfrac{s^2+2s+3}{s^4+2s^3+3s^2+4s+5}$；

(2) $H(s)=\dfrac{2(s+2)(s+3)}{(s+1)^2(s+6)(s^4+2s^3+3s^2+4)}$

(3) $H(s)=\dfrac{2(s+2)(s+1+i)(s+1-i)}{(s+\sqrt{2}+i\sqrt{2})(s+\sqrt{2}-i\sqrt{2})(s+3+i2)(s+3-i2)}$

解：MATLAB 源程序为：

(1)
```
num=[1 2 3];        %定义分子多项式
den=[1 2 3 4 5];    %定义分母多项式
H=tf(num,den)
```

运行结果：Transfer function：

```
          s^2+2s+3
   ------------------------
   s^4+2 s^3+3 s^2+4 s+5
```

(2)
```
num=2*conv([1 2],[1 3]);
den=conv(conv(conv([1 1],[1 1]),[1 6]),[1 2 3 4]);
H=tf(num,den)
```

运行结果：Transfer function：

```
                    2 s^2+10 s+12
   ------------------------------------------------
   s^6+10 s^5+32 s^4+60 s^3+83 s^2+70 s+24
```

(3)
```
k=2;
z=[-2;-1+j;-1-j];
p=[-1.4142+1.4142*j;-1.4142-1.4142*j;-3+2*j;-3-2*j];
H=zpk(z,p,k)
```

运行结果：Zero/pole/gain：

```
        2 (s+2) (s^2+2s+2)
   ---------------------------
   (s^2+2.828s+4) (s^2+6s+13)
```

由系统函数获取零极点、画出零极点分布图的调用格式：

```
p=pole(H)            %获得系统 H 的极点
z=zero(H)            %得出系统 H 的零点
pzmap(H)             %绘制系统的零极点分布图
[p,z]=pzmap(H)       %获得系统的零极点值
```

2. 冲激响应

系统的冲激响应使用 impulse 函数命令绘制，命令格式：

impulse (num,den)　%时间向量 t 的范围由软件自动设定，冲激响应曲线随即绘出

impulse (num,den,t)　　%时间向量 t 的范围可以由人工给定(例如 $t=0:0.1:10$)

3. 阶跃响应

step(num,den)　　%时间向量 t 的范围由软件自动设定，阶跃响应曲线随即绘出

step(num,den,t)　　%时间向量 t 的范围可以由人工给定(例如 $t=0:0.1:10$)

当然也可以使用拉普拉斯变换及其反变换来计算系统的时域响应

例 1-8　已知一线性系统的系统函数为 $H(s)=\dfrac{13}{s^2+4s+13}$，试求其冲激响应与阶跃响应。

解：MATLAB 源程序为：

```
num=[0 0 13];            %定义分子多项式
den=[1 4 13];            %定义分母多项式
t=0:0.01:6;
impulse(num,den,t)       %调用冲激响应函数求取单位阶跃响应曲线
grid                     %画网格标度线
xlabel('t/s'),ylabel('h(t)')    %给坐标轴加上说明
```

运行结果：单位冲激响应曲线如附图 1-7 所示。

类似的阶跃响应

```
step(num,den)       %调用阶跃响应函数求取单位阶跃响应曲线
grid
xlabel('t/s'),ylabel('g(t)')
```

运行结果：单位阶跃响应曲线如附图 1-8 所示。

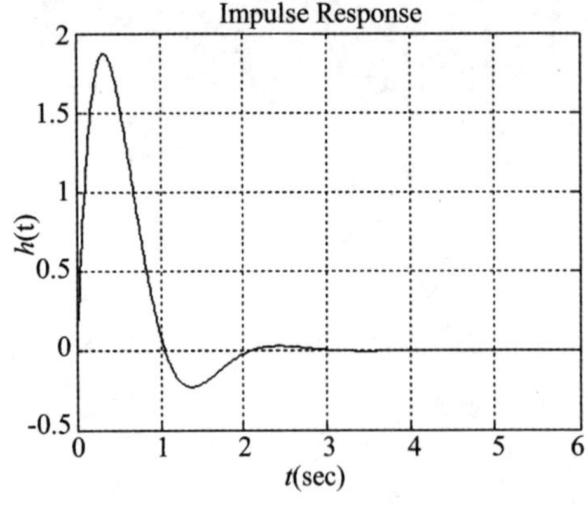

附图 1-7　冲激响应

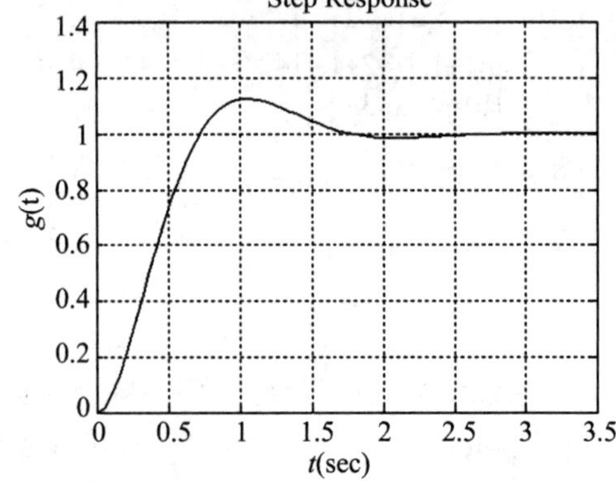

附图 1-8　阶跃响应

利用拉普拉斯变换及其反变换 MATLAB 源程序为：

```
>> syms s t;
>> rs=laplace(heaviside(t));  %阶跃信号
>> fs=13/(s^2+4*s+13);
>> cs=rs*fs;
>> ct=ilaplace(cs)      %阶跃响应表达式
```

运行结果：ct＝

1 －(cos(3*t)＋(2*sin(3*t))/3)/exp(－2*t)

4. 零输入响应

```
initial(G,x0, T)              %绘制系统 G 的零输入响应曲线
[y,t,x]=initial(G,x0, T)   %得出系统 G 的零输入响应的数据
```

附录二　实验基础知识准备

第一节　RZ8664 信号与系统模块组成介绍

"RZ8664 信号与系统实验箱"是在多年开设信号与系统实验的基础上，经过不断改进研制成功的，是专门为《信号与系统》课程而设计的，提供了信号的频域、时域分析的实验手段。利用该实验箱可进行阶跃响应与冲激响应的时域分析；借助于 DSP 技术实现信号卷积与信号频谱的分析与研究、信号的分解与合成的分析与实验；抽样定理与信号恢复的分析与研究；连续时间系统的模拟；一阶、二阶电路的暂态响应；二阶网络状态轨迹显示、各种滤波器设计与实现等内容的学习与实验。

实验箱采用了 DSP 数字信号处理新技术，将模拟电路难以实现或实验结果不理想的"信号分解与合成"、"信号卷积"等实验得以准确地演示，并能生动地验证理论结果；系统地了解并比较无源、有源数字滤波器的性能及特性，并学会数字滤波器设计与实现。

实验箱配有 DSP 标准的 JTAG 插口及 DSP 同主机 PC 机的通信接口，可方便学生在我们提供的软件的基础上进行二次开发(可用仿真器或不用仿真器)，完成一些数字信号处理、DSP 应用方面的实验，如各种数字滤波器设计、频谱分析、卷积、A/D 转换、D/A 转换等。该实验箱的系统分布图如附图 2-1 所示。

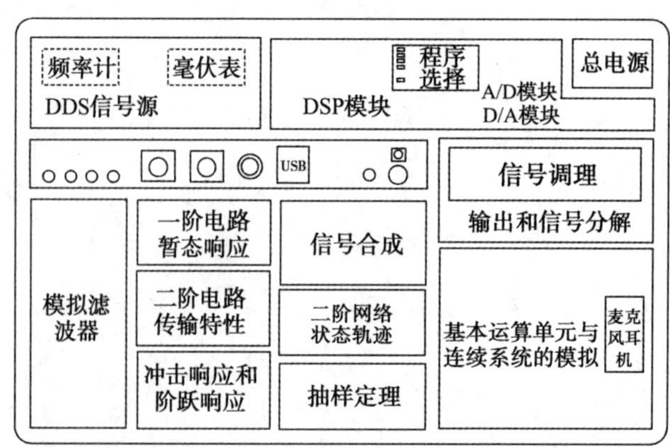

附图 2-1　RZ8664 实验平台系统分布示意图

它由以下模块组成：

(1)总电源模块。

(2)DDS 信号源模块。

(3)毫伏表模块。

(4)DSP 数字信号处理模块。

(5)USB 接口。

(6)信号分解与合成模块。

(7)信号卷积实验模块。

(8)一阶电路暂态响应模块。

(9)二阶电路传输特性模块。

(10)二阶网络状态轨迹模块。

(11)阶跃响应与冲激响应模块。

(12)抽样定理模块。

(13)模拟滤波器模块。

(14)基本运算单元与连续系统的模拟模块。

(15)麦克风和耳机接口。

各模块的的具体作用将在第二节中介绍。

第二节 RZ8664 各实验模块介绍

在本节中，将分别介绍实验平台上的各个模块单元。

1. 总电源模块

此模块位于实验平台的右上角部分，分别提供 +12V、+5V、−12V、−5V 的电源输出。4 组电源对应 4 个发光二极管，电源输出正常时对应的发光二极管亮。

2. DDS 信号源

提供的波形种类有：正弦、脉冲、三角、半波，全波，AM，DSB，FM，扫频。

信号的频率范围：100Hz～200kHz，可分别通过按钮调节信号的频率、占空比，通过电位器旋钮信号的幅度，液晶 LCD01 可以显示信号的频率。

信号插孔：

P01：输出抽样脉冲。

P02：选择 AM，DSB 和 FM 模式时，从 P02 输入调制前信号。

P03：选择 AM，DSB 和 FM 模式时，从 P03 输出调制后信号。

P04：信号输出点，可输出多种波形(正弦波、三角波、方波、扫频信号，全波、半波)，当选择 AM，DSB 和 FM 模式时，输出调制载波信号。

测量点：

TP01：输出信号同 P01(很多测量点是为了便于测量，将插孔直接引出作为测量点)。

TP02：输出信号同 P04。

说明：在整个实验内容中，以“TP＋数字”表示测量点，而以“P＋数字”表示信号插孔。

3. 毫伏表模块

实验箱配置了简易的毫伏表，可以测量实验中信号的幅度，通过液晶 LCD02 显示出来，显示值为信号幅度的平均值（正弦信号有效值），指示范围为 0～10V。

信号插孔：

P101：毫伏表测量输入点（后面会介绍到，该点同样是数字信号处理的输入点）。

测量点：

TP101：同 P101。

4. DSP 模块

DSP 模块，即数字信号处理模块，在该模块中，包含 A/D 模块、DSP 模块和 D/A 模块，实验中涉及的数字信号处理的内容均由该部分完成，例如数字滤波器、信号分解、虚拟仪器、语音采集处理等。

信号插孔：

P101：数字信号输入插孔，在 DSP 实验中涉及的信号均由该插孔输入。

测量点：

TP101：同 P101。

XF：DSP 的 XF 引脚测量点，主要用于测试。

I/O：DSP 的 I/O 口，主要用于测试。

按钮：

SW101：实验中可通过按下 SW101 选择不同的实验内容。

SW102：DSP 的复位按键。

LED 显示区：

D3D2D1D0：通过显示不同的数值，对应相应的程序号，通过按下 SW101 可改变其数值，其值对应后面表中内容。

RUN：指示程序运行状态。

5. USB 接口

USB 接口为复用功能，通过拨通 11K03 可以在 ARM 和 DSP 之间进行连接切换。

USB101：USB 接口，可通过 USB 线连接 PC 机进行通信。

11K03：拨到左侧，USB 接口连接 ARM-STM32 芯片。

拨到右侧，USB 接口连接 DSP 模块。

6. 信号分解与合成模块

此模块位于实验平台的中部，主要完成信号的分解与合成，模块的右上半部分为信号的分解，下半部分为信号的合成。信号的分解部分提供了 8 个波形输出测量点，TP801、TP802，…，TP808；TP801～TP807 分别为信号的 1～7 次谐波输出波形，第 8 个测量点 TP808 为 8 次以上谐波的合成输出波形；信号合成的部分中，把分解输出的各次谐波信号连接输入至合成部分，在合成的输出测量点上 TP809 可观察到合成后的信号波形。

此模块上还有四个开关，K801，K802，K803，K804。这四个开关的作用是用于选择是否对分解出的 1 次、3 次、5 次、7 次谐波幅度进行放大（便于研究谐波幅度对信号合成的影响):当开关位于1、2位置(左侧)时不放大,当开关位于2、3位置时可通过相应电位器调节谐波分量的幅度。如:对于输出的基波分量,当开关K801位于1、2位置时,电位器W801不起任何作用,直接把分解提取到的基波输出;当开关K801位于2、3位置时,分解提取到的基波分量可通过电位器W801来调节它的输出幅度的大小。

信号插孔:P801~P808信号分解时各次谐波的输出插孔。

7. 信号卷积实验模块

此模块在信号分解模块内,结构非常简单,只有三个测量点,分别为两个激励信号的测量点,一个卷积后的信号输出波形测量点。

8. 一阶电路暂态响应模块

此模块可根据自己的需要搭接一阶电路,观测各点的信号波形。

有三个测量点:

TP902、TP903:一阶RC电路电容上的响应信号测量点。

TP907:一阶RL电路电阻上的响应信号测量点。

信号插孔:

P901、P906:信号输入插孔。

P902、P903、P904、P905、P907、P908、P909电路连接插孔。

9. 二阶电路传输特性模块

此模块亦可根据需要搭接二阶电路,观测各测量点的信号波形。

有两个测量点:

TP201:有源二阶电路传输特性输出测量点。

TP202:负阻抗电路传输特性输出测量点。

信号插孔:P201、P202:信号输入插孔。

10. 二阶网络状态轨迹模块

此模块除完成二阶网络状态轨迹观察的实验,还可完成二阶电路暂态响应观察的实验。

有两个测量点:

TP904、TP905:输出信号波形观测点。

信号插孔:P910:信号输入插孔。

11. 阶跃响应与冲激响应模块

接入适当的输入信号,可观测输入信号的阶跃响应与冲激响应。

有两个测量点:

TP913:冲激信号观测点。

TP906:冲激响应,阶跃响应信号输出观测点。

信号插孔:

P912、P914:信号输入插孔。

P913:冲激信号输出插孔。

12. 抽样定理模块

通过本模块可观测到抽样过程中各个阶段的信号波形。

有三个测量点：

TP601：输入信号波形观测点。

TP603：抽样波形观测点。

TP604：抽样信号经滤波器恢复后的信号波形观测点。

信号插孔：

P601：信号输入插孔。

P602：抽样脉冲信号输入插孔。

P603：抽样信号输出插孔。

其他：元器件选择插孔。

13. 模拟滤波器模块

提供多种有源无源滤波器，包括低通无源滤波器、低通有源滤波器、高通无源滤波器、高通有源滤波器、带通无源滤波器、带通有源滤波器、带阻无源滤波器和带阻有源滤波器，可根据自己的需要进行实验。

有八个测量点：

TP401：信号经低通无源滤波器后的输出信号波形观测点。

TP402：信号经低通有源滤波器后的输出信号波形观测点。

TP403：信号经高通无源滤波器后的输出信号波形观测点。

TP404：信号经高通有源滤波器后的输出信号波形观测点。

TP405：信号经带通无源滤波器后的输出信号波形观测点。

TP406：信号经带通有源滤波器后的输出信号波形观测点。

TP407：信号经带阻无源滤波器后的输出信号波形观测点。

TP408：信号经带阻有源滤波器后的输出信号波形观测点。

信号插孔：

P401、P402、P403、P404、P405、P406、P407、P408 信号输入插孔。

14. 基本运算单元与连续系统的模拟模块

本模块提供了很多开放的电阻电容，可根据需要搭接不同的电路，进行各种测试。如可实现加法器、比例放大器、积分器、有源滤波器、一阶系统的模拟。

15. 麦克风和耳机接口

麦克风和耳机接口主要完成语音数据的采集与播放。

第三节　RZ8664 信号源介绍

本节简要介绍一下 DDS 信号源的使用，DDS 信号源能够产生较纯正的各种信号，这对信号系统实验非常重要。DDS 信号源能产生正弦波、占空比可变的脉冲、三角波、半波、全波、调幅、双边带、调频、抽样脉冲信号等，相关输出插孔、测试点、调节电位器如附图 2-2 所示。

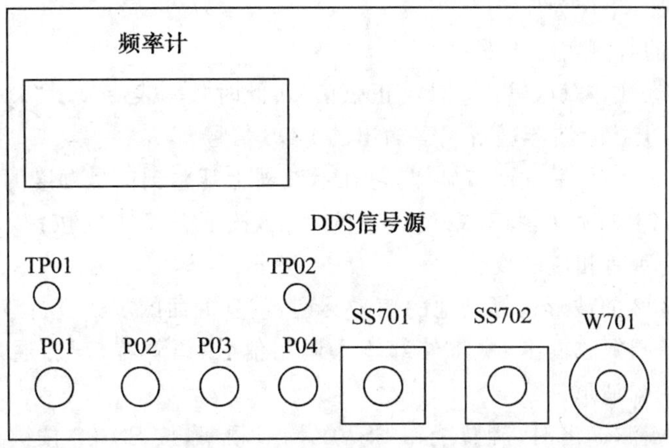

附图 2-2　信号源操作区示意图

SS701：频率步长选择与频率调节按键旋钮开关。

按键：切换频率调节步长即步长，频率步长将在 100Hz、1kHz、10kHz 之间循环切换。

旋钮：频率“+/-”调节旋钮：调节波形输出的频率（调制波和扫频信号选择输出除外）。每旋转 1 步，输出信号进行一个当前频率步长的变换，顺时针旋转增加，反之减少。在最大频率增大频率将切换到最小频率。在最小频率减小频率将切换到最大频率。

SS702：波形选择与 PWM 波占空比调节按键旋钮开关（PWM 波即为抽样脉冲信号）。

按键：选择“PWM 占空比调节”功能，选中时，L04 闪烁，调节本按键旋钮可增减抽样脉冲的占空比。占空比值有：12.5%、25%、37.5%、50%、62.5%、75%、87.5%、100%。顺时针波形占空比递增切换，反之递减。

旋钮：波形选择旋钮（L04 不闪烁）。

调节旋钮切换输出信号：正弦波、脉冲波、三角波、半波、全波、调幅波、双边带调幅波、调频波、扫频、PWM 调制波。

W701：信号幅度调节旋钮。

P01：抽样脉冲输出端口。

P02：调制信号输入端口，在切换到调幅信号输出状态时，外部调制信号由此端口输入。

P03：调制信号输出端口。

P04：DDS 信号输出端口。

TP01：抽样脉冲输出信号测量点，默认输出频率为 10kHz、占空比 50%。

TP02：DDS 信号输出测量点，默认输出 1kHz 的正弦波。

LED 显示：

相应 DDS 信号输出时，相应的波形选择 LED 灯亮，PWM 灯常亮，在需设置 PWM 频率和占空比时，PWM 灯闪烁。L01～L03，显示当前的频率调节步长，L04 显示 PWM 波占空比调节状态选中与否，选中则亮。

频率表液晶：

显示当前 DDS 信号输出的频率，单位为 kHz，但在 PWM 占空比调节状态选中时，显示 PWM 波占空比，单位为%。

信号源波形的观测实验步骤：

(1)实验系统加电，默认输出 1kHz 正弦信号，此时频率表应显示“1.0”。

(2)在 TP02 上接示波器进行观察输出的 DDS 信号。

(3)调节 W701 信号幅度调节旋钮，可在示波器上观察到信号幅度的变化。

(4)调节 SS701 的旋钮，将观察到频率的变化，按下 SS701 的按键，切换不同的频率步长，观察波形是否有相应的变化。

(5)调节 SS702 的波形选择其他的信号类型，重复上面的步骤进行波形的观察。

注意：在选择调幅波输出时，将外部输入调制信号(语音等信号)通过毛孔线连接至 PO2 输入，观察调幅波形。

在选择 PWM 波输出时，旋转旋钮 SS701 调节频率，按 SS702 按键选中占空比调节状态，此时 L04 闪烁，旋转 SS702 旋钮切换占空比，在 TP01 上接示波器进行观察输出的 PWM，观察相应的频率和占空比变化。

第四节　NvDK-6000SA 实验开发系统简介

NvDK-6000SA 嵌入式网络图像与视频实验开发系统是为适应大学及研究机构在快速多维信号处理方面的需求而推出的高性能、高功能集成的教学实验和产品开发平台，该平台是一个具有 DSP 和 ARM 双处理器的系统，在系统中采用了德州仪器高性能的浮点 DSP 的 TMS320C6711 作为数字信号处理的主要单元，同时采用 Intel 的 StrongARM 作为控制和系统管理单元，更进一步，由于该系统上的 FPGA 可由用户自己编程，这不仅让用户在进行产品开发时能得心应手而且还可作为 FPGA/EDA 的教学实验。用户在该平台上可以进行高速信号处理，音、视频和图像信息处理、压缩，网络多媒体传输等各种高级的开发和教学实验工作。

1. 系统概述

(1)采用美国德州仪器的 TMS320C6711B@150MHz，配以 16MB SDRAM，实现高达 1200MIPS 的运算能力和大容量存储需求。预留 FLASH 位置，灵活配置 DSP 的 BOOT 模式。

(2)XILINX 的 5 万门 FPGA，配以 8MB 的 SDRAM，实现图形预处理器功能。

(3)XILINX 的 144 宏单元 CPLD，灵活配置内存空间。

(4) Intel StrongARM SA1110，外挂 64MB SDRAM，16MB FLASH，灵活配置 Linux 系统。

(5)德州仪器高性能的视频解码器 TVP5145，提供优秀的数字视频信号。

(6)德州仪器高性能的音频 CODEC-320AIC23，实现优良的音频。

(7)双 UART，分别提供 RS232 和 RS485 接口。

(8)10M/100M 自适应以太网接口。

(9)3.5 英寸 ATA 硬盘接口。

(10)带有后备电池的实时时钟。

(11)高达 8 安培负载能力的 3.3V 板上系统开关电源模块。

2. 主要技术指标

DSP 部分：

处理器：TMS320C6711B,150MHz。

SDRAM:2*64Mb，7ns。

CODEC：MIC 输入,双声道输出。最高采样率 96K/S。

视频输入:PAL/NTSC,1.0 V_{p-p} 75,BNC 接口。

ARM：

处理器：StrongARM SA1110,233MHz。

SDRAM:2*256Mb,7ns。

FLASH：2*64Mb。

UART：1 路 RS232,1 路 RS485。

IDE:标准硬盘,最高速率可达 20MB/S。

工作环境：

温度:0℃～40℃(40～125℉)。

湿度:20%～80%% RHG。

保存环境：

温度:－20℃～60℃(40～125℉)。

湿度:20%～95%% RHG。

3. 系统演示框图

(1)系统演示连接如附图 2-3 所示。

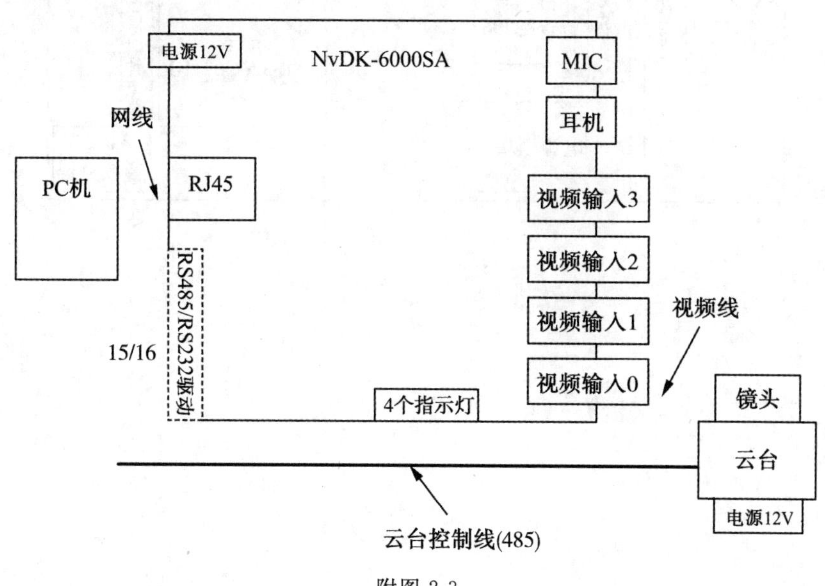

附图 2-3

22	1
21	2
20	3
19	4
18	5
17	6
16	7
15	8
14	9
13	10
12	11

注：

(1)云台通过串口 485 控制，其接口管脚排序为：

报警 Alarm I/O：1～8（1～4 输入、5～8 输出）

报警 Alarm GND：9～10(9 为输入部分的地线、10 为输出部分的地线)

RS232：20～22(20GND、21 进入板子、22 从板子出去)

RS485：15～16（15 负、16 正）

(2)网线有两种，当通过局域网连接时用正线连接，当直接和 PC 机连接时用反线连接。(详见光盘中网线制作说明)

4. 主要器件的 PCB 布局

正面(见附图 2-4)：

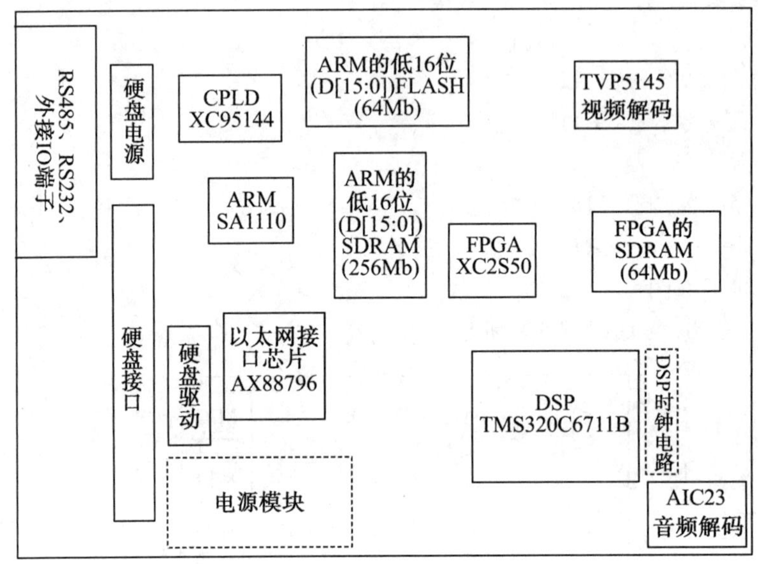

附图 2-4

底面(见附图 2-5):

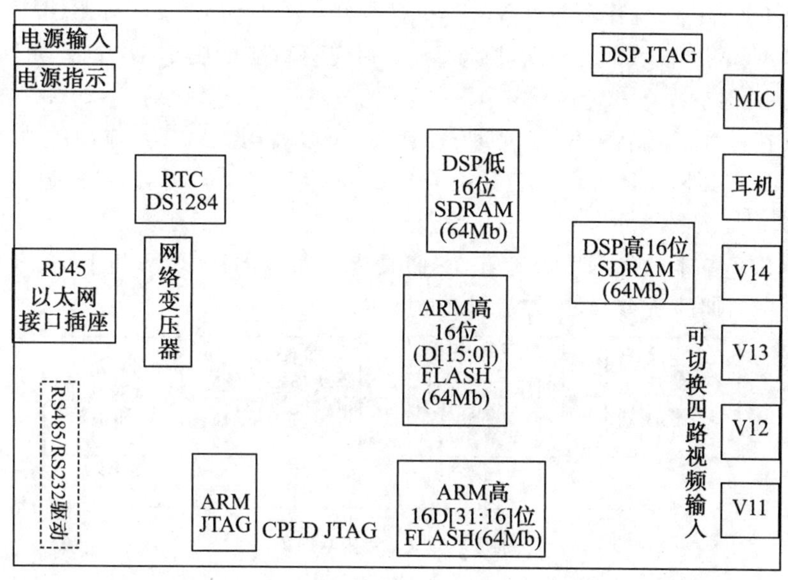

附图 2-5

5. 总线上主要外设的地址空间分配

StrongARM SA1110 地址空间分配:

16MB FLASH:0x0000 0000~0x00FF FFFF Static Bank Select0(128 Mbytes)

16MB SDRAM:0x0800 0000~0x08FF FFFF Static Bank Select1(128 Mbytes)

Hardisk:0x1000 0000~0x17FF FFFF Static Bank Select2(128 Mbytes)

Ethernet:0x1800 0000~0x1FFF FFFF Static Bank Select3(128 Mbytes)

以下为设计未用地址空间:

0x4800 0000~0x4FFF FFFF Static Bank Select4(128 Mbytes)

Dsp 地址空间分配:

16MB SDRAM:0x8000 0000~0x80FF FFFF 片选 CE0

FPGA:0xA000 0000~0Xa03F FFFF 片选 CE2

对于 FPGA,读为视频数据(如果 BLKOK 为高),写为控制信息,地址线未用。

第五节 CCS 概述

1. CCS 概述

CCS,即 Code Composer Studio 代码生成室。它是 TI 公司为开发 DSP 产品的集成环境开发工具软件,是集编辑、编译、链接和调试及图形、图像显示等多功能于一体的开发工具软件。开发环境可分为:软件仿真和硬件仿真。不同的开发环境有不同的功能。软件仿真即只有 CCS 软件,仿真算法执行的结果,仿真、模拟程序在 DSP 芯片上运行。硬件仿真即在评估板(EVM,Evaluation Module)或初学者开发套件(DSK, Developer Starter Kit)硬件平台上，把程序灌入(Load Programs)DSP 芯片运行。

CCS 有几个版本，现在最新到 V3.1，一般使用 V2.1 或 V2.2。另外，根据 TI 的 DSP 分为 C2000、C5000 和 C6000 系列，则 CCS 也相应有对应的版本，各个系列 DSP 的 CCS 软件功能基本相同。

CCS 支持标准 C 语言的编程，各种标准库都可以使用。只要在应用的地方把头文件 *.h 包含即可。另外 DSP 的 C 语言还有自己的特殊约定，例如代码段的放置，各种关键字的使用等。

CCS 提供了基本的代码生成工具，它们具有一系列的调试、分析能力。CCS 支持如下所示的开发周期的所有阶段，如附图 2-6 所示。

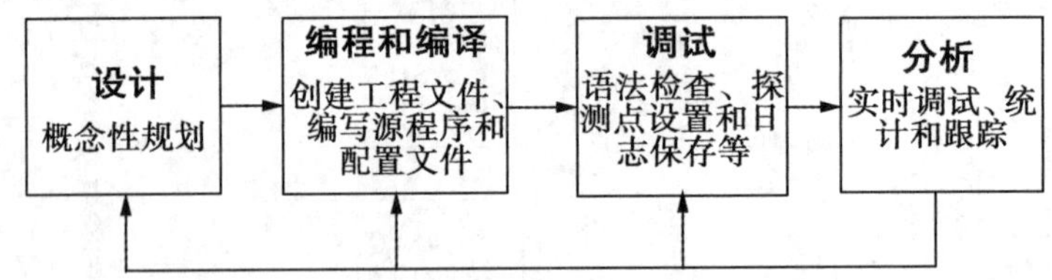

附图 2-6　CCS 开发周期

在使用本教程之前，必须完成下述工作：

安装目标板和驱动软件。按照随目标板所提供的说明书安装。如果你正在用仿真器或目标板，其驱动软件已随目标板提供，你可以按产品的安装指南逐步安装。

2. CCS 的组成

CCS 构成及接口如附图 2-7 所示，主要包括以下部分：

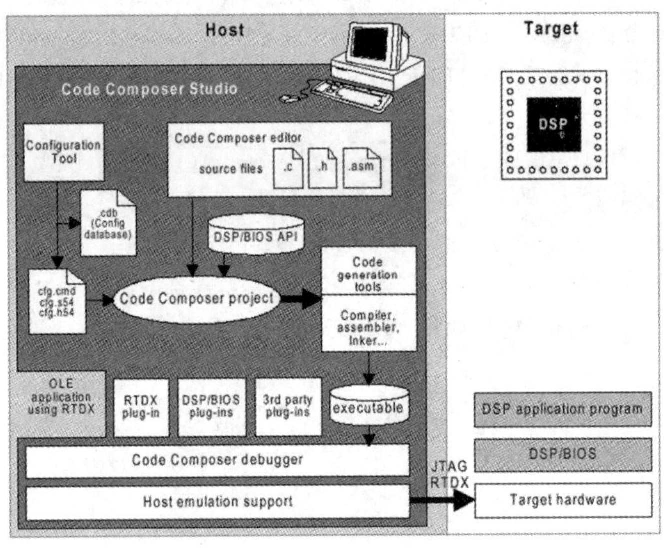

附图 2-7　CCS 构成及接口

(1)代码生成工具

代码生成工具奠定了 CCS 所提供的开发环境的基础。附图 2-8 是一个典型的软件开发流程图,图中阴影部分表示通常的 C 语言开发途径,其他部分是为了强化开发过程而设置的附加功能。

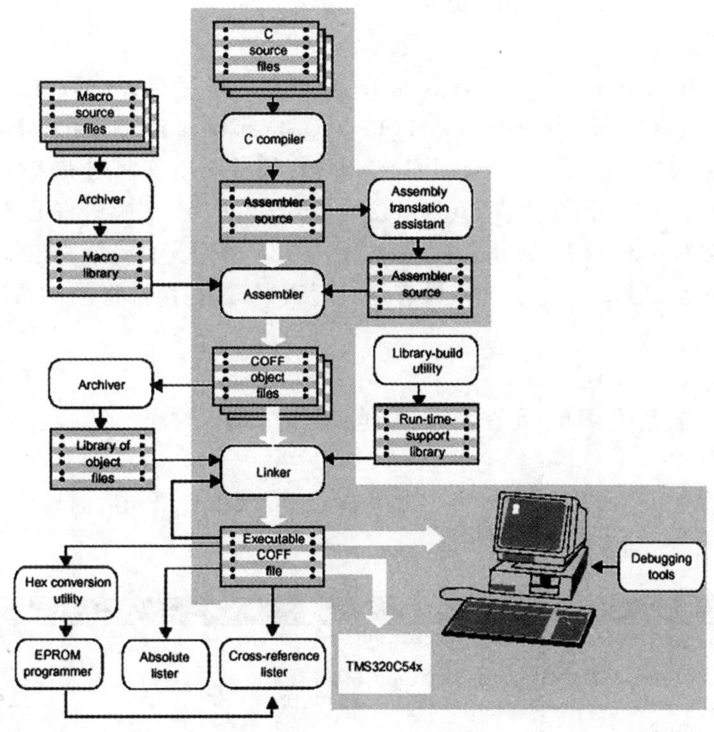

附图 2-8 软件开发流程

附图 2-6 描述的工具如下:

C 编译器(C compiler) 产生汇编语言源代码,其细节参见 TMS320C54x 最优化 C 编译器用户指南。

汇编器(assembler)把汇编语言源文件翻译成机器语言目标文件,机器语言格式为公用目标格式(COFF),其细节参见 TMS320C54x 汇编语言工具用户指南。

连接器(linker)把多个目标文件组合成单个可执行目标模块。它一边创建可执行模块,一边完成重定位以及决定外部参考。连接器的输入是可重定位的目标文件和目标库文件,有关连接器的细节参见 TMS320C54x 最优化 C 编译器用户指南和汇编语言工具用户指南。

归档器(archiver)允许你把一组文件收集到一个归档文件中。归档器也允许你通过删除、替换、提取或添加文件来调整库,其细节参见 TMS320C54x 汇编语言工具用户指南。

助记符到代数汇编语言转换公用程序(mnimonic-to-algebric assembly translator utility)把含有助记符指令的汇编语言源文件转换成含有代数指令的汇编语言源文件,其细节参见 TMS320C54x 汇编语言工具用户指南。

可以利用建库程序(library_build utility)建立满足自己要求的“运行支持库”,其细节参见 TMS320C54x 最优化 C 编译器用户指南。

运行支持库(run_time_support libraries) 包括 C 编译器所支持的 ANSI 标准运行支持函数、编译器公用程序函数、浮点运算函数和 C 编译器支持的 I/O 函数,其细节参见 TMS320C54x 最优化 C 编译器用户指南。

十六进制转换公用程序(hex conversion utility) 把 COFF 目标文件转换成 TI-Tagged、ASCII-hex、Intel、Motorola-S 或 Tektronix 等目标格式,可以把转换好的文件下载到 EPROM 编程器中,其细节参见 TMS320C54x 汇编语言工具用户指南。

交叉引用列表器(cross-reference lister)用目标文件产生参照列表文件,可显示符号及其定义,以及符号所在的源文件,其细节参见 TMS320C54x 汇编语言工具用户指南。

绝对列表器(absolute lister)输入目标文件,输出". abs "文件,通过汇编". abs "文件可产生含有绝对地址的列表文件。如果没有绝对列表器,这些操作将需要冗长乏味的手工操作才能完成。

(2)CCS 集成开发环境

CCS 集成开发环境(IDE)允许编辑、编译和调试 DSP 目标程序。

①编辑源程序

CCS 允许编辑 C 源程序和汇编语言源程序,还可以在 C 语句后面显示汇编指令的方式来查看 C 源程序,如附图 2-9 所示。

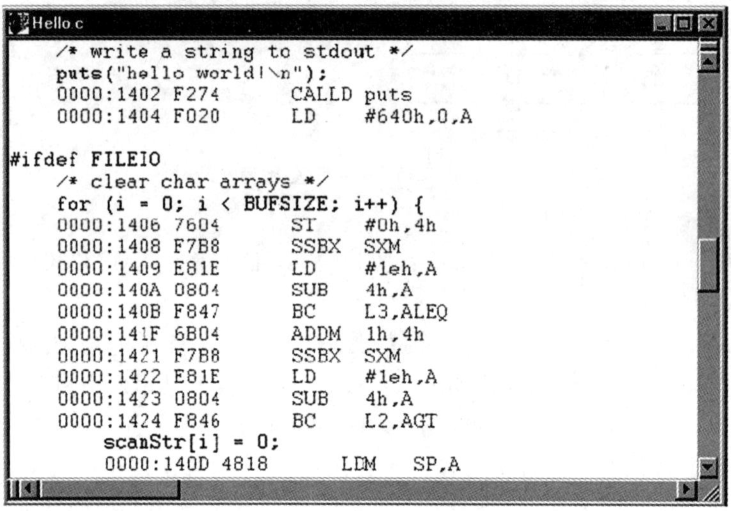

```
Hello.c
    /* write a string to stdout */
    puts("hello world!\n");
    0000:1402 F274       CALLD puts
    0000:1404 F020       LD    #640h,0,A

#ifdef FILEIO
    /* clear char arrays */
    for (i = 0; i < BUFSIZE; i++) {
    0000:1406 7604       ST    #0h,4h
    0000:1408 F7B8       SSBX  SXM
    0000:1409 E81E       LD    #1eh,A
    0000:140A 0804       SUB   4h,A
    0000:140B F847       BC    L3,ALEQ
    0000:141F 6B04       ADDM  1h,4h
    0000:1421 F7B8       SSBX  SXM
    0000:1422 E81E       LD    #1eh,A
    0000:1423 0804       SUB   4h,A
    0000:1424 F846       BC    L2,AGT
        scanStr[i] = 0;
        0000:140D 4818       LDM   SP,A
```

附图 2-9　汇编指令显示

集成编辑环境支持下述功能:

用彩色加亮关键字、注释和字符串。

以圆括弧或大括弧标记 C 程序块,查找匹配块或下一个圆括弧或大括弧。

在一个或多个文件中查找和替代字符串,能够实现快速搜索。

取消和重复多个动作。

获得“上下文相关”的帮助。

用户定制的键盘命令分配。

②创建应用程序

应用程序通过工程文件来创建。如附图 2-10 所示，工程文件中包括 C 源程序、汇编源程序、目标文件、库文件、连接命令文件和包含文件。编译、汇编和连接文件时，可以分别指定它们的选项。在 CCS 中，可以选择完全编译或增量编译，可以编译单个文件，也可以扫描出工程文件的全部包含文件从属树，也可以利用传统的 makefiles 文件编译。

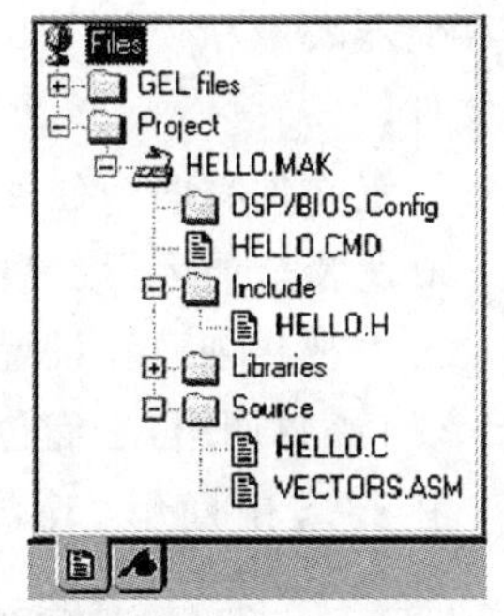

附图 2-10 创建工程文件

③调试应用程序

CCS 提供下列调试功能：

设置可选择步数的断点。

在断点处自动更新窗口。

查看变量。

观察和编辑存储器和寄存器。

观察调用堆栈。

对流向目标系统或从目标系统流出的数据采用探针工具观察，并收集存储器映像。

绘制选定对象的信号曲线。

估算执行统计数据。

观察反汇编指令和 C 指令。

CCS 提供 GEL 语言，它允许开发者向 CCS 菜单中添加功能。

(3)DSP/BIOS 插件

在软件开发周期的分析阶段，调试依赖于时间的例程时，传统调试方法效率低下。

DSP/BIOS 插件支持实时分析，它们可用于探测、跟踪和监视具有实时性要求的应用例程，附图 2-11 显示了一个执行了多个线程的应用例程时序。

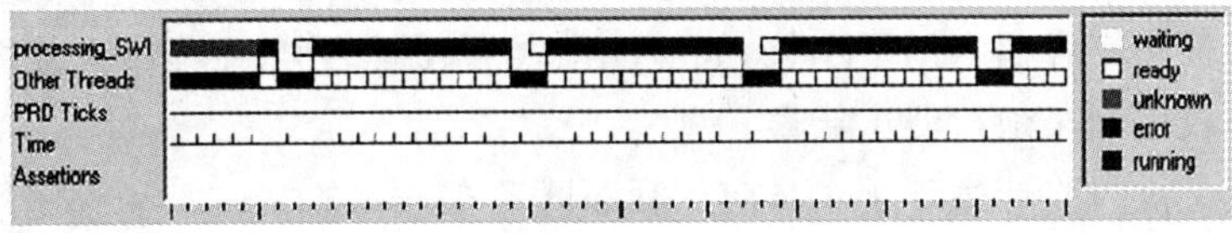

附图 2-11 应用例程中各线程时序

DSP/BIOS API 具有下列实时分析功能：

程序跟踪(program tracing)显示写入目标系统日志(target log)的事件，反映程序执行过程中的动态控制流。

性能监视(performance monitoring)跟踪反映目标系统资源利用情况的统计表，如处理器负荷和线程时序。

文件流(file streaming)把常驻目标系统的 I/O 对象捆绑成主机文档。

DSP/BIOS 也提供基于优先权的调度函数，它支持函数和多优先权线程的周期性执行。

①DSP/BIOS 配置

在 CCS 环境中，可以利用 DSP/BIOS API 定义的对象创建配置文件，这类文件简化了存储器映像和硬件 ISR 矢量映像，所以，即使不使用 DSP/BIOS API 时，也可以使用配置文件。

配置文件有两个任务：

a. 设置全局运行参数。

b. 可视化创建和设置运行对象属性。这些运行对象由目标系统应用程序的 DSP/BIOS API 函数调用，它们包括软中断，I/O 管道和事件日志。

在 CCS 中打开一个配置文件时，其显示窗口如附图 2-12 所示。

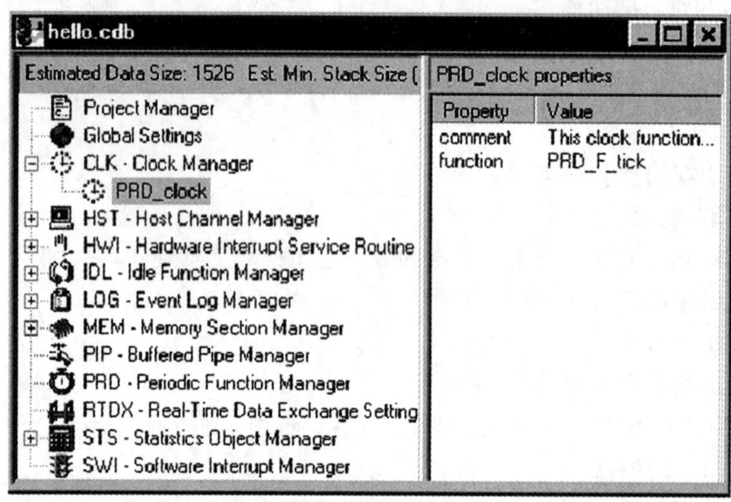

附图 2-12　配置文件窗口

DSP/BIOS 对象是静态配置的，并限制在可执行程序空间范围内，而运行时创建对象的 API 调用需要目标系统额外的开销（尤其是代码空间）。静态配置策略通过去除运行代码能够使目标程序存储空间最小化，能够优化内部数据结构，在程序执行之前能够通过确认对象所有权来及早地检测出错误。

保存配置文件时将产生若干个与应用程序联系在一起的文件。

②DSP/BIOS API 模块

传统调试（debuging）相对于正在执行的程序而言是外部的，而 DSP/BIOS API 要求将目标系统程序和特定的 DSP/BIOS API 模块连接在一起。通过在配置文件中定义 DSP/BIOS 对象，一个应用程序可以使用一个或多个 DSP/BIOS 模块。在源代码中，这些对象声明为外部的，并调用 DSP/BIOS API 功能。

每个 DSP/BIOS 模块都有一个单独的 C 头文件或汇编宏文件，它们可以包含在应用程序源文件中，这样能够使应用程序代码最小化。

为了尽量少地占用目标系统资源，必须优化（C 和汇编源程序）DSP/BIOS API 调用。

DSP/BIOS API 划分为下列模块，模块内的任何 API 调用均以下述代码开头：

CLK：片内定时器模块控制片内定时器并提供高精度的 32 位实时逻辑时钟，它能够控制中断的速度,使之快则可达单指令周期时间,慢则需若干毫秒或更长时间。

HST:主机输入/输出模块管理主机通道对象,它允许应用程序在目标系统和主机之间交流数据。主机通道通过静态配置为输入或输出。

HWI:硬件中断模块提供对硬件中断服务例程的支持,可在配置文件中指定当硬件中断发生时需要运行的函数。

IDL:休眠功能模块管理休眠函数,休眠函数在目标系统程序没有更高优先权的函数运行时启动。

LOG:日志模块管理 LOG 对象,LOG 对象在目标系统程序执行时实时捕捉事件。开发者可以使用系统日志或定义自己的日志,并在 CCS 中利用它实时浏览讯息。

MEM:存储器模块允许指定存放目标程序的代码和数据所需的存储器段。

PIP:数据通道模块管理数据通道,它被用来缓存输入和输出数据流。这些数据通道提供一致的软件数据结构,可以使用它们驱动 DSP 和其他实时外围设备之间的 I/O 通道。

PRD:周期函数模块管理周期对象,它触发应用程序的周期性执行。周期对象的执行速率可由时钟模块控制或 PRD-tick 的规则调用来管理,而这些函数的周期性执行通常是为了响应发送或接收数据流的外围设备的硬件中断。

RTDX:实时数据交换允许数据在主机和目标系统之间实时交换,在主机上使用自动 OLE 的客户都可对数据进行实时显示和分析,详细资料参见(4)。

STS:统计模块管理统计累积器,在程序运行时,它存储关键统计数据并能通过 CCS 浏览这些统计数据。

SWI:软件中断模块管理软件中断。软件中断与硬件中断服务例程(ISRs)相似。当目标程序通过 API 调用发送 SWI 对象时,SWI 模块安排相应函数的执行。软件中断可以有高达 15 级的优先级,但这些优先级都低于硬件中断的优先级。

TRC:跟踪模块管理一套跟踪控制比特,它们通过事件日志和统计累积器控制程序信息的实时捕捉。如果不存在 TRC 对象,则在配置文件中就无跟踪模块。

有关各模块的详细资料,可参见 CCS 中的在线帮助,或 TMS320C54×DSP/BIOS 用户指南。

(4)硬件仿真和实时数据交换

TI DSPs 提供在片仿真支持,它使得 CCS 能够控制程序的执行,实时监视程序运行。增强型 JTAG 连接提供了对在片仿真的支持,它是一种可与任意 DSP 系统相连的低侵扰式的连接。仿真接口提供主机一侧的 JTAG 连接,如 TI XSD510。为方便起见,评估板提供在板 JTAG 仿真接口。

在片仿真硬件提供多种功能:

①DSP 的启动、停止或复位功能。

②向 DSP 下载代码或数据。

③检查 DSP 的寄存器或存储器。

④硬件指令或依赖于数据的断点。

⑤包括周期的精确计算在内的多种记数能力。

主机和 DSP 之间的实时数据交换(RTDX)。

CCS 提供在片能力的嵌入式支持。另外,RTDX 通过 APIs 提供主机和 DSP 之间的双向实时数据交换,它能够使开发者实时连续地观察到 DSP 应用的实际工作方式。在目标系统应用程序运行时,RTDX 也允许开发者在主机和 DSP 设备之间传送数据,而且这些数据可以在使用自动 OLE 的客户机上实时显示和分析,从而缩短研发时间。

RTDX 由目标系统和主机两部分组成,如附图 2-13 所示。小的 RTDX 库函数在目标系统 DSP 上运行。开发者通过调用 RTDX 软件库的 API 函数将数据输入或输出目标系统的 DSP,库函数通过在片仿真硬件和增强型 JTAG 接口将数据输入或输出主机平台,数据在 DSP 应用程序运行时实时传送给主机。

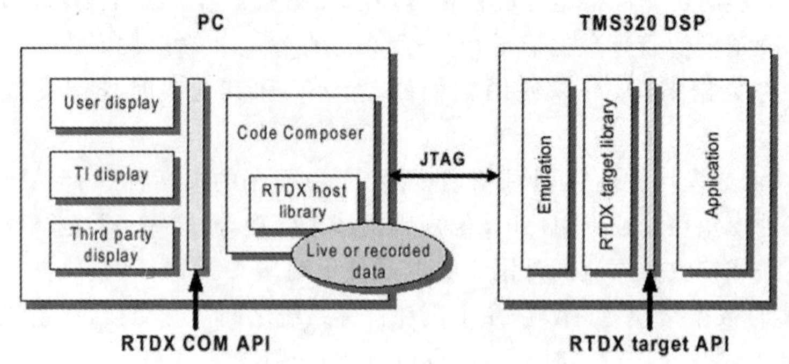

附图 2-13　RTDX 系统组成

在主机平台上,RTDX 库函数与 CCS 一道协同工作。显示和分析工具可以通过 COM API 与 RTDX 通信,从而获取目标系统数据,或将数据发送给 DSP 应用例程。开发者可以使用标准的显示软件包,诸如 National Instruments' LabVIEW,Quinn－Curtis' Real-Time Graphics Tools 或 Microsoft Excel。同时,开发者也可研制自己的 Visual Basic 或 Visual C＋＋应用程序。

RTDX 能够记录实时数据,如附图 2-14 所示,并可将其回放用于非实时分析。下述样本由 National Instruments' LabVIEW 软件产生。在目标系统上,一个原始信号通过 FIR 滤波器,然后与原始信号一起通过 RTDX 发送给主机。在主机上,LabVIEW 显示屏通过 RTDX COM API 获取数据,并将它们显示在显示屏的左边。利用信号的功率谱可以检验目标系统中 FIR 滤波器是否正常工作。处理后的信号通过 LabVIEW,将其功率谱显示在右上部分;目标系统的原始信号通过 LabVIEW 的 FIR 滤波器,再将其功率谱显示在右下部分。比较这两个功率谱便可确认目标系统的滤波器是否正常工作,如附图 2-14 所示。

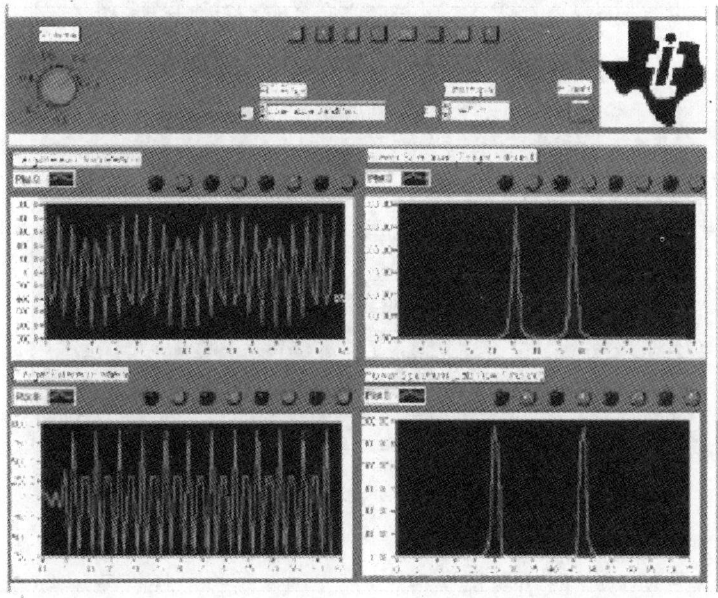

附图 2-14 RTDX 实例

RTDX 适合于各种控制、伺服和音频应用。例如，无线电通信产品可以通过 RTDX 捕捉语音合成算法的输出以检验语音应用程序的执行情况；嵌入式系统也可从 RTDX 获益；硬磁盘驱动设计者可以利用 RTDX 测试他们的应用软件，不会因不正确的信号加到伺服马达上而与驱动发生冲突；引擎控制器设计者可以利用 RTDX 在控制程序运行的同时分析随环境条件而变化的系数。对于这些应用，用户都可以使用可视化工具，而且可以根据需要选择信息显示方式。未来的 TI DSPs 将增加 RTDX 的带宽，为更多的应用提供更强的系统可视性。关于 RTDX 的详细资料，请参见 CCS 中 RTDX 在线帮助。

3. 创建工程文件

这里使用 hello world 实例介绍在 CCS 中创建、调试和测试应用程序的基本步骤，如附图 2-15 所示。介绍 CCS 的主要特点，为在 CCS 中深入开发 DSP 软件奠定基础。

我们将建立一个新的应用程序，它采用标准库函数来显示一条 hello world 消息。

(1)如果 CCS 安装在 c:\ti 中，则可在 c:\ti\myprojects 建立文件夹 hello1(若将 CCS 安装在其他位置，则在相应位置创建文件夹 hello1。)

(2)将 c:\ti\c6000\tutorial\hello1 中的所有文件拷贝到上述新文件夹。

(3)从 Windows Start 菜单中选择 Programs→Code Composer Studio 'C6000→CCSstudio(或者在桌面上双击 Code Composer Studio 图标)，如附图 2-15 所示。

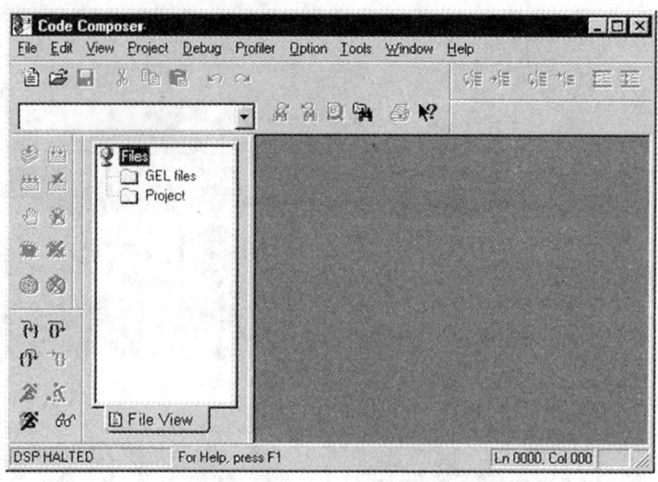

附图 2-15　创建工程文件图例

说明:CCS 设置

如果第一次启动 CCS 时出现错误信息,首先确认是否已经安装了 CCS。如果利用目标板进行开发,而不是带有 CD-ROM 的仿真器,则可参看与目标板一起提供的文档以设置正确的 I/O 端口地址。

(4)选择菜单项 Project→New。

(5)在 Save New Project As 窗口中选择你所建立的工作文件夹并点击 Open。键入 myhello 作为文件名并点击 Save,CCS 就创建了 myhello. mak 的工程文件,它存储你的工程设置,并且提供对工程所使用的各种文件的引用。

4. 向工程添加文件

(1)选择 Project→Add Files to Project,选择 hello. c 并点击 Open。

(2)选择 Project→Add Files to Project,在文件类型框中选择*. asm。选择 vector. asm 并点击 Open。该文件包含了设置跳转到该程序的 c 入口点的 RESET 中断(c_int00)所需的汇编指令(对于更复杂的程序,可在 vector. asm 定义附加的中断矢量)。

(3)选择 Project→Add Files to Project,在文件类型框中选择*. cmd。选择 hello. cmd 并点击 Open,hello. cmd 包含程序段到存储器的映射。

(4)选择 Project→Add Files to Project,进入编译库文件夹(C:\ti\c5400\cgtools\lib)。在文件类型框中选择*. o *,*. lib。选择 rts. lib 并点击 Open,该库文件对目标系统 DSP 提供运行支持。

(5)点击紧挨着 Project、Myhello. mak、Library 和 Source 旁边的符号+展开 Project 表,它称之为 Project View,如附图 2-16。

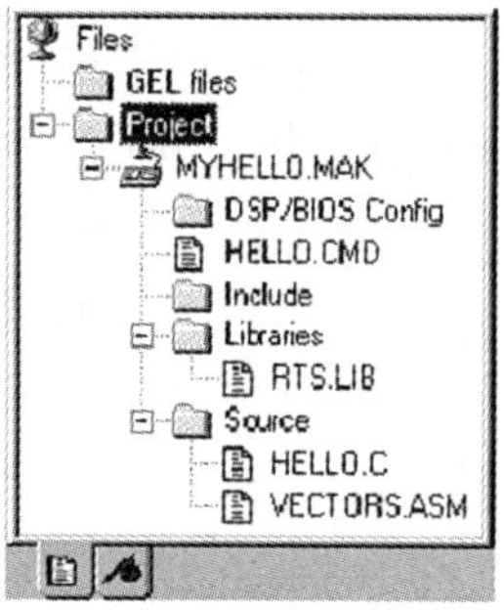

说明:打开 Project View

如果看不到 Project View,则选择 View→Project。如果这时选择过 Bookmarks 图标,仍看不到 Project View,则只须再点击 Project View 底部的文件图标即可。

附图 2-16　工程文件添加

(6)注意包含文件还没有在 Project View 中出现。在工程的创建过程中,CCS 扫描文件间的依赖关系时将自动找出包含文件，因此不必人工地向工程中添加包含文件。在工程建立之后，包含文件自动出现在 Project View 中。

如果需要从工程中删除文件，则只需在 Project View 中的相应文件上点击鼠标右键，并从弹出菜单中选择 Remove from Project 即可。

在编译工程文件时，CCS 按下述路径顺序搜索文件：

- 包含源文件的目录。
- 编译器和汇编器选项的 Include Search Path 中列出的目录(从左到右)。
- 在 C54X_C_DIR(编译器)和 C54X_A_DIR(汇编器)环境变量定义中的目录(从左到右)。

5. 查看源代码

(1)双击 Project View 中的文件 hello. c，可在窗口的右半部看到源代码。

(2)如想使窗口更大一些，以便能够即时地看到更多的源代码，你可以选择 Option→Font 使窗口具有更小的字型。

```
/*========= hello.c========= */
#include <stdio.h>
#include "hello.h"
#define BUFSIZE 30
struct PARMS str=
{
    2934,
    9432,
    213,
    9432,
    &str
};
/**========= main=========**/
void main()
{
#ifdef FILEIO
int i;
char scanStr[BUFSIZE];
char fileStr[BUFSIZE];
size_t readSize;
FILE *fptr;
#endif
/*write a string to stdout */
puts("hello world! \n");
#ifdef FILEIO
```

```
/*clear char arrays */
for (i= 0; i < BUFSIZE; i++) {
scanStr[i]= 0 /*deliberate syntax error */
fileStr[i]= 0;
}
/*read a string from stdin */
scanf("%s", scanStr);
/*open a file on the host and write char array */
fptr= fopen("file.txt", "w");
fprintf(fptr, "%s", scanStr);
fclose(fptr);
/*open a file on the host and read char array */
fptr= fopen("file.txt", "r");
fseek(fptr, 0L, SEEK_SET);
readSize= fread(fileStr, sizeof(char), BUFSIZE, fptr);
printf("Read a %d byte char array: %s \n", readSize, fileStr);
fclose(fptr);
#endif
}
```

当没有定义 FILEIO 时，采用标准 puts()函数显示一条 hello world 消息，它只是一个简单程序。当定义了 FILEIO 后，该程序给出一个输入提示，并将输入字符串存放到一个文件中，然后从文件中读出该字符串，并把它输出到标准输出设备上。

6. 编译和运行程序

CCS 会自动将你所作的改变保存到工程设置中。在完成上节之后，如果你退出了 CCS，则通过重新启动 CCS 和点击 Project→Open，即可返回到你刚才停止工作处。

说明：重新设置目标系统 DSP

如果第一次能够启动 CCS，但接下来得到 CCS 不能初始化目标系统 DSP 的出错信息则可选择 Debug→Reset DSP 菜单项。若还不能解决上述问题，你可能需要运行你的目标板所提供的复位程序。

为了编译和运行程序，要按照以下步骤进行操作：

(1)点击工具栏按钮或选择 Project→Rebuild All，CCS 重新编译、汇编和连接工程中的所有文件，有关此过程的信息显示在窗口底部的信息框中。

(2)选择 File→Load Program，选择刚重新编译过的程序 myhello.out(它应该在 c:\ti\myprojects\hello1文件夹中，除非你把 CCS 安装在别的地方)并点击 Open。CCS 把程序加载到目标系统 DSP 上，并打开 Dis_Assembly 窗口，该窗口显示反汇编指令(注意，CCS 还会自动打开窗口底部一个 标有 Stdout 的区域，该区域用以显示程序送往 Stdout 的输出)。

(3)点击 Dis_Assembly 窗口中一条汇编指令(点击指令，而不是点击指令的地址或空白区域)。按 F1 键。CCS 将搜索有关那条指令的帮助信息。这是一种获得关于不熟悉的汇编指令的帮助信息的好方法。

(4)点击工具栏按钮或选择 Debug→Run。

说明:屏幕尺寸和设置

工具栏有些部分可能被 Build 窗口隐藏起来,这取决于屏幕尺寸和设置。为了看到整个工具栏,请在 Build 窗口中点击右键并取消 Allow Docking 选择。

当运行程序时,可在 Stdout 窗口中看到 hello world 消息,如附图 2-17 所示。

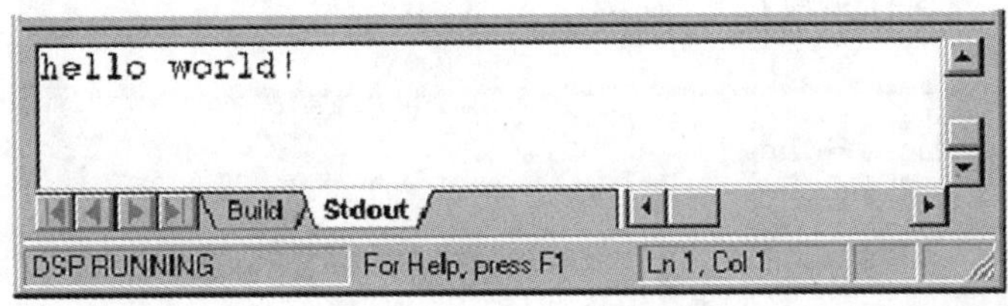

附图 2-17 Stdout 窗口显示

7. 修改程序选项和纠正语法错误

在前一节中,由于没有定义 FILEIO,预处理器命令(#ifdef 和#endif)之间的程序没有运行。在本节中,使用 CCS 设置一个预处理器选项,并找出和纠正语法错误。

(1)选择 Project→Options。

(2)从 Build Option 窗口的 Compiler 栏的 Category 列表中选择 Symbles。在 Define Symbles 框中键入 FILEIO 并按 Tab 键,如附图 2-18 所示。

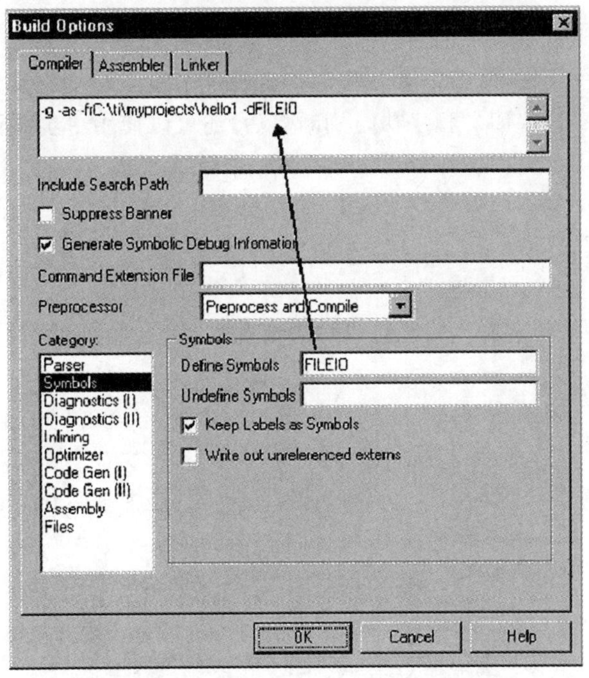

附图 2-18 Build Option 窗口

注意：现在窗口顶部的编译命令包含-d 选项，当你重新编译该程序时，程序中＃ifdef FILEIO 语句后的源代码就包含在内了。(其他选项可以是变化的，这取决于正在使用的 DSP 板。)

(3)点击 OK 保存新的选项设置。

(4)点击 Rebuild All 工具栏按钮或选择 Project→Rebuild All。无论何时，只要工程选项改变，就必须重新编译所有文件。

(5)出现一条说明程序含有编译错误的消息，点击 Cancel。在 Build tab 区域移动滚动条，就可看到一条语法出错信息，如附图 2-19 所示。

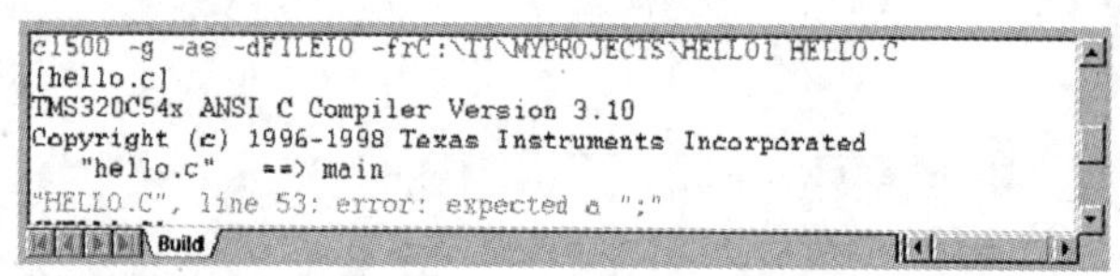

附图 2-19　Build 区域语法错误显示

(6)双击描述语法错误位置的红色文字。注意到 hello. c 源文件是打开的，光标会落在该行上：fileStr[i]＝ 0。

(7)修改语法错误(缺少分号)。注意，紧挨着编辑窗口题目栏的文件名旁出现一个星号(*)，表明源代码已被修改过。当文件被保存时，星号随之消失。

(8)选择 File→Save 或按 Ctrl＋S 可将所作的改变存入 hello. c。

(9)点击(Incremental Build)工具栏按钮或选择 Project→Build，CCS 重新编译已被更新的文件。

8. 使用断点和观察窗口

当开发和测试程序时，常常需要在程序执行过程中检查变量的值。在本节中，可用断点和观察窗口来观察这些值。程序执行到断点后，还可以使用单步执行命令。

(1)选择 File→Reload Program。

(2)双击 Project View 中的文件 hello. c。可以加大窗口，以便能看到更多的源代码。

(3)把光标放到以下行上：

fprintf(fptr, "%S", scacStr)

(4)点击工具栏按钮或按 F9，该行显示为高亮紫红色(如果愿意的话，可通过 Option→Color 改变颜色)。

(5)选择 View→Watch Window。CCS 窗口的右下角会出现一个独立区域，在程序运行时，该区域将显示被观察变量的值。

(6)在 Watch Window 区域中点击鼠标右键，从弹出的表中选择 Insert New Expression。

(7)键入表达式*scanStr 并点击 OK，如附图 2-20 所示。

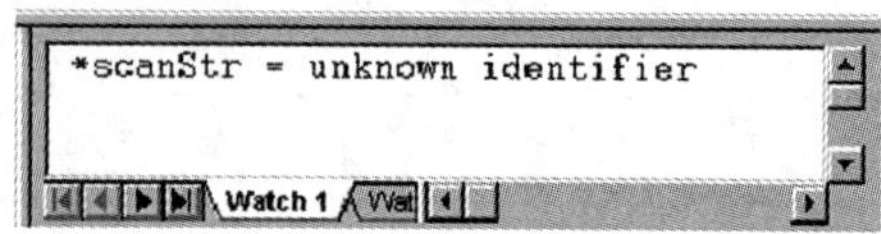

附图 2-20　Watch 窗口

(8)注意局部变量*scanStr 被列在 Watch window 中，但由于程序当前并未执行到该变量的 main()函数，因此没有定义。

(9)选择 Debug→Run 或按 F5。

(10)在相应提示下，键入 goodbye 并点击 OK，如附图 2-21 所示。注意，Stdout 框以蓝色显示输入的文字，还应注意，Watch Window 中显示出*scanStr 的值。在键入一个输入字符串之后，程序运行并在断点处停止。程序中将要执行的下一行以黄色加亮，如附图 2-21 所示。

附图 2-21　Standand Input Dialog Box 框显示

(11)点击(Step Over)工具栏按钮或按 F10 以便执行到所调用的函数 fprintf()之后。

(12)用 CCS 提供的 step 命令试验：

- Step Into (F2)
- Step over (F10)
- Step Out (Shift F7)
- Run to Cursor (Ctrl F10)

(13)点击工具栏按钮或按 F5 运行程序到结束。

9. 使用观察窗口观察 structure 变量

观察窗除了观察简单变量的值以外，还可观察结构中各元素的值。

(1)在 watch Window 区域中点击鼠标右键，并从弹出表中选择 Insert New Expression。

(2)键入 str 作为表达式并点击 OK。显示着＋str＝{…}的一行出现在 Watch Window 中。＋符号表示这是一个结构。类型为 PARMS 的结构被声明为全局变量，并在 hello. c 中初始化。结构类型在 hello. h 中定义。

(3)点击符号＋。CCS 展开这一行，列出该结构的所有元素以及它们的值。

(4)双击结构中的任意元素就可打开该元素的 Edit Variable 窗口。

(5)改变变量的值并点击 OK。注意 Watch Window 中的值改变了，而且其颜色也相应变化，表明已经该值已经人工修改了。

(6)在 Watch Window 中选择 str 变量并点击右键，从弹出表中选择 Remove Cuurent Expression，如附图 2-22 在 Watch Window 中重复上述步骤。

(7)在 Watch Window 中点击右键，从弹出表中选择 Hide 可以隐藏观察窗口，如附图 2-21 所示。

附图 2-22　Watch 窗口中 str 变量显示

(8)选择 Debug→Breakpoits。在 Breakpoints tab 中点击 Delete All,然后点击 OK,全部断点都被清除。

10. 测算源代码执行时间

在本节中,将使用 CCS 的 profiling 功能来统计标准 puts()函数的执行情况。

(1)选择 File→Reload Program。

(2)选择 Profiler→Enable Clock。标记"√"出现在 Profile 菜单 Enable Clock 项的旁边,该选项使能就可计算指令周期。

(3)在 Project View 中双击文件 hello. c。

(4)选择 View→Mixed Source/ASM,灰色的汇编指令紧随在 C 源代码行后面。

(5)将光标放在下述行上:

puts("hello world! \n")

如附图 2-23 所示。

(6)点击工具栏按钮(Toggle Profile_point),该 C 源代码行和第一条汇编指令用绿色加亮。

(7)向下移动滚动条,将光标停在以下行上:

for (i= 0; i<BUFSIZE;i++)

(8)点击工具栏按钮 或者在该代码行上点击右键并从弹出菜单中选择 Toggle Profile Pt,如附图 2-23 所示。

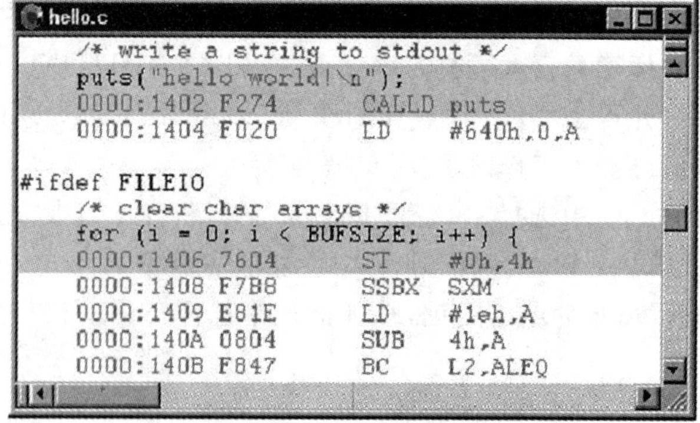

附图 2-23　puts()操作显示

有关测试点的统计数据报告显示自前一个测试点或程序开始运行以来到本测试点所需的指令周期数。本例中，第二个测试点的统计数据报告显示自 puts()开始执行到该测试点所需的指令周期数。

(9)选择 Profile→View Statistics，窗口底部出现一个显示测试点统计数据的区域，如附图 2-24 所示。

Location	Count	Average	Total	Maximum	Minimum
HELLO.C line 47	0	0.0	0	0	0
HELLO.C line 51	0	0.0	0	0	0

附图 2-24 测试点统计数据显示

注意：附图 2-23 中的 line 数可能会不同

(10)通过拖拽该区域的边缘可调整其大小。

本手册中屏幕上所显示的 line 数可能会和当前所使用的软件版本显示的 line 数不同。

(11)点击(RUN)工具栏按钮 或按 F5 键运行该程序并在提示窗口中键入一串字符。

(12)注意对第二个测试点所显示的指令周期数，它应该大约为 2800 个周期(显示的实际数目可能会变化)，这是执行 puts()函数所需的指令周期数。由于这些指令只执行了一次，所以平均值、总数、最大值和最小值都是相同的。如附图 2-25 所示。

Profile Statistics

Location	Count	Average	Total	Maximum	Minimum
HELLO.C line 47	1	931.0	931	931	931
HELLO.C line 51	1	2818.0	2818	2818	2818

附图 2-25 第二测试点的统计数据显示

注意：目标系统在测试点处于暂停状态。

只要程序运行到一个测试点，它就会自动暂停。所以，当使用测试点时，目标系统应用程序可能不能满足实时期限的要求。

(13)在进入下一章之前，执行以下步骤释放测试期间所占用的资源：

进入 profiler 菜单并撤销 Enable Clock 使能。

点击鼠标右键从弹出菜单中选择 Hide 从而关闭 Profile Statistcs 窗口。

进入 profiler→profile_points，选择 Dlete All 并点击 OK。

进入 View 菜单，并撤消 Mixed Source/ASM 使能。

附录三　实验参考程序

实验 19　基于 CCS 的图像取反实验程序

```
/*==========================================
/*                 Copyright (C) 2001 Texas Instruments, Incorporated
*/
/*                                          All Rights Reserved.
*/
==========================================*/
#include <stdio.h>
#pragma DATA_SECTION(newbuf,"H263VCBUF");
unsigned char newbuf[512*512];
#pragma DATA_SECTION(tempbuf,"H263VCBUF");
unsigned char tempbuf[512*512];
#define PCR1    *(volatile unsigned int  *)0x01900024
#define DLP_Q0064 0x80100004
volatile unsigned int *ptr= (unsigned int *)0x80100004;

void initEMIF(void)
{
   #define EMIF_GCTL           0x01800000
   #define EMIF_CE1            0x01800004
   #define EMIF_CE0            0x01800008
   #define EMIF_CE2            0x01800010
   #define EMIF_CE3            0x01800014
   #define EMIF_SDRAMCTL       0x01800018
   #define EMIF_SDRAMTIMING    0x0180001C
   #define EMIF_SDRAMEXT       0x01800020
```

```
*(int *) EMIF_GCTL=0x00003040;/*EMIF global control register */
*(int *)EMIF_CE1=0xffffff23; /*CE1 - 32-bit asynch access after boot */
*(int *)EMIF_CE0=0xFFFFFF30; /*CE0 - SDRAM */
*(int *)EMIF_CE2=0x21200420;/*CE2-32-bit asynch on daughterboard */
*(int *)EMIF_CE3=0xffffff23;/*CE3-32-bit asynch on daughterboard */
*(int *)EMIF_SDRAMCTL=0x57116000;/*SDRAM control register(100MHz)*/
*(int *)EMIF_SDRAMTIMING= 0x00000410; /*SDRAM Timing register */
}
void main()
{
  unsigned int i;
  initEMIF();                       /*init cpu */
  for(i=0;i<512*512;i++)         /*init Data */
  {
  ((unsigned char *)tempbuf)[i]= 0x80;
  ((unsigned char *)newbuf)[i]= 0x00;
  }
  InverseImage((unsigned char *)ptr,512,512,(unsigned char *)newbuf);
  asm("\tnop");
  asm("\tnop");
  asm("\tnop");
  asm("\tnop");
  asm("\tnop")

/*********************************
**函数名:InverseImage
**  InverseImageRGB
**  InverseImageYUV
**输入: InImagebuf , Height, Width
**InImagebuf——输入图像处理前显示区指针。
**Height——显示区的行长度。
**Width——显示区的列长度。
**输出:OutImagebuf
**OutImagebuf——输出图像处理后显示区指针。
**功能描述:图像反向。
**全局变量:无。
**调用模块:无。
*********************************/
```

```
void InverseImage(InImagebuf, Height, Width, OutImagebuf)
unsigned char *InImagebuf;
unsigned char *OutImagebuf;
volatile unsigned int  Height;
unsigned int  Width;
{
  unsigned int i;
  unsigned int j;
  for(j= 0; j < Height *Width; j++)
  {
  *OutImagebuf++= 255-*InImagebuf++;
  }
  return;
}
void InverseImageRGB(InImagebuf, Height, Width, OutImagebuf)
unsigned char *InImagebuf;
unsigned char *OutImagebuf;
volatile unsigned int  Height;
unsigned int  Width;
{
  unsigned int i;
  unsigned int j;
  for(j= 0; j < Height *Width *3; j++)
  {
  *OutImagebuf++= 255-*InImagebuf++;
  }
  return;
}
void InverseImageYUV(InImagebuf, Height, Width, OutImagebuf)
unsigned char *InImagebuf;
unsigned char *OutImagebuf;
volatile unsigned int  Height;
unsigned int  Width;
{
  unsigned int i;
  unsigned int j;
  for(j= 0; j < Height *Width *2; j++)
  {
```

```
  *OutImagebuf++= 255-*InImagebuf++;
  }
  return;
}
```

实验 20 基于 CCS 的二维傅立叶变换实验程序

```
#include <stdlib.h>
#include <stdio.h>
#include <math.h>
// 常数 π
#define  PI   3.1415926535
#define DLP_Q0064   0x80400004
#define PCR1   *(volatile unsigned int  *)0x01900024

short   fftdata[2048];
short   fftdatan[2048];
float   col[2048];
float   sine[512];
float   cosine[512];
#pragma   DATA_SECTION(newbuf,"H263VCBUF");
unsigned char   newbuf[512*512];
#pragma   DATA_SECTION(tempbuf,"H263VCBUF");
unsigned char   tempbuf[512*512];
#pragma   DATA_SECTION(fftbuf,"H263VCBUF");
float   fftbuf[512*512*2];

volatile unsigned char *ptr= (unsigned char *)0x80400004;
void initEMIF(void)
{
   #define EMIF_GCTL          0x01800000
   #define EMIF_CE1           0x01800004
   #define EMIF_CE0           0x01800008
   #define EMIF_CE2           0x01800010
   #define EMIF_CE3           0x01800014
   #define EMIF_SDRAMCTL      0x01800018
   #define EMIF_SDRAMTIMING   0x0180001C
   #define EMIF_SDRAMEXT      0x01800020
```

```
*(int *)EMIF_GCTL= 0x00003040;/*EMIF global control register */
*(int *)EMIF_CE1= 0xffffff23; /*CE1 - 32-bit asynch access after boot */
*(int *)EMIF_CE0= 0xFFFFFF30; /*CE0 - SDRAM */
*(int *)EMIF_CE2= 0x21200420; /*CE2 - 32-bit asynch on daughterboard */
*(int *)EMIF_CE3= 0xffffff23; /*CE3 - 32-bit asynch on daughterboard */
*(int *)EMIF_SDRAMCTL= 0x57116000; /*SDRAM control register (100 MHz)
*/
*(int *)EMIF_SDRAMTIMING= 0x00000410; /*SDRAM Timing register */
}
////////////////////////////////////////////
// Function name : BitReverse
// Description : 二进制倒序操作
// Return type : int
// Argument : int src 待倒读的数
// Argument : int size 二进制位数
int BitReverse(int src, int size)
{
  int i;
  int tmp= src;
  int des= 0;
  for (i=size-1; i>=0; i--)
  {
  des= ((tmp & 0x1) << i) | des;
  tmp= tmp >> 1;
  }
  return des;
}
/////////////////////////////////////////////////
// Function name : Reorder
// Description : 数据二进制整序
// Return type : void
// Argument :  x[MAX_N]Comp 待整序数组
// Argument : int N FFT 点数
// Argument : int M 点数的 2 的幂次
void Reorder(float x[], int N, int M)
{
  int i,j;
  for (i=0; i<N *2; i+=2)
```

```
  {
  j= BitReverse(i>>1, M)<<1;
  fftdatan[i]= x[j];
  fftdatan[i+1]= x[j+1];
  }
  // 重新存入原数据中(已经是二进制整序过了的数据)
  for (i=0; i<N*2; i++)
  x[i]= fftdatan[i];
}

void FFT_1D(short m, float xy[])
{
        float xt,yt,c,s;
        double angle;
        short n1,n2,ie,ia,i,j,k,l;
        short n=1<<m;
        n2= n;
        ie= 1;
        for(i= 0; i < n / 2; i++)
        {
        angle= i*PI*2 / n;
        sine[i]=(float)sin(angle);
        cosine[i]=(float)cos(angle);
        }
        for (k=n; k > 1; k= (k >> 1)) {
              n1= n2;
              n2= n2>>1;
              ia= 0;
              for (j=0; j < n2; j++) {
                 c= -cosine[ia];
                 s= -sine[ia];
                 ia= ia+ie;
                 for (i=j; i < n; i += n1) {
                    l= i+n2;
                    xt= xy[2*l]- xy[2*i];
                    xy[2*i]= xy[2*i]+ xy[2*l];
                    yt= xy[2*l+1]- xy[2*i+1];
                    xy[2*i+1]= xy[2*i+1]+ xy[2*l+1];
```

```
                    xy[2*l]   = (float)((c*xt+s*yt));
                    xy[2*l+1]= (float)((c*yt - s*xt));
                }
            }
            ie= ie<<1;
        }
        Reorder(xy, n, m);
    return;
}
void FFT_2D(float *x,int M)
{
    int i,j;
    int N= (1 << M);
    // 先逐行进行 1D-FFT
    for (i=0; i<N; i++)
    {
    for(j=0;j<N*2;j++)
    {
    col[j]= x[i*N*2+j];
    }
    FFT_1D(M,col); // <——计算结果再存入矩阵 x 中
    for(j=0;j<N*2;j++)
    {
    x[i*N*2+j]= col[j];
    }
    }
    // 再逐列进行 1D-FFT
    for (j=0; j<N*2; j+=2)
    {
    // 取得第 j 列的数据
    for (i=0; i<N*2; i+=2)
    {
    col[i]= x[j+i*N];
    col[i+1]= x[j+1+i*N];
    }
    // 对第 j 列数据进行 1D-FFT
    FFT_1D(M,col); // <——计算结果在数组 col 中
    // 将结果放回矩阵第 j 列中
```

```
for(i=0; i<N*2; i+=2)
{
x[j+i*N]= col[i];
x[j+1+i*N]= col[i+1];
}
}
}
void main()
{
    int i;
    int  row,col;
    unsigned char *ptrl;
    unsigned int j ;

//    short w[10]={-32767,0,-23170,-23170,0,-32767,23170,-23170,
32767,0};
  initEMIF();
 #if 1
    for(i=0;i<1024;i++)
      fftbuf[i]= 0.0;
    for(i=0;i<4;i++)
      fftbuf[i*2]= 255;
      FFT_1D(9,fftbuf);
    asm("\tnop");
    asm("\tnop");
    asm("\tnop");
    asm("\tnop");
    asm("\tnop");
    for(ptrl=(unsigned char *)ptr,i=0;i<512*512;i++)
  {
  ptrl[i]= 0;
  }
    for(ptrl=(unsigned char *)ptr,j=128;j<384;j++)
  {
    for(i=128;i<384;i++)
  {
      ptrl[j*512+i]= 0xFF;
  }
```

```
    }
      asm("\tnop");
      asm("\tnop");
      asm("\tnop");
      asm("\tnop");
      asm("\tnop");
      for(i=0;i<512*512;i++)
    {
    ((unsigned char *)tempbuf)[i]= 0x80;
    ((unsigned char *)newbuf)[i]= 0x00;
    }
    for(i=0;i<512*512;i++)
    {
    fftbuf[i*2]= (float)(*ptr++);
    fftbuf[i*2+1]= 0;
    }
    FFT_2D(fftbuf,9);
  #endif
    for(i= 0,row= 0;row<512;row++)
    {
    for(col= 0; col<512;col++,i++)
    {
    j=(unsigned int)sqrt(fftbuf[i*2]*fftbuf[i*2]+fftbuf[i*2+1]*fftbuf[i*2+
1])/100;
    if(j>255) j=255;
    newbuf[((256+col)&0x1ff) +((256+row)&0x1ff)*512]= (unsigned char)
j;
    }
    }
    asm("\tnop");
    asm("\tnop");
    asm("\tnop");

    asm("\tnop");
    asm("\tnop");
    return;
  }
```

实验 21 基于 CCS 的 FIR 数字滤波器算法

```
#include <stdlib.h>
#include <stdio.h>
#include <math.h>
short x[216]={
0,          0x9f7a,        0x05e6,        0x6b48,
0 ,         0xf8ed,        0x3434,        0x1ed7,
0,          0x273b,        0xd9e4,        0xf08a,
0,          0xdde9,        0xab96,        0x4645,
0,          0xaf9c,        0xf52c,        0x7492,
0,          0x0a16,        0x2379,        0x2599,
0,          0x3864,        0xca62,        0xf74c,
0,          0xefac,        0x9c15,        0x4a53,
0,          0xc15e,        0xe747,        0x78a1,
0,          0x1c00,        0x1594,        0x26da,
0,          0x4a4e,        0xbe73,        0xf88d,
0,          0x014a,        0x9025,        0x48bf,
0xcdc8,     0xd2fd,        0xdd99,        0x770c,
0x9f7a,     0x2ce2,        0x0be7,        0x227a,
0xf8ed,     0x5b30,        0xb745,        0xf42d,
0x273b,     0x1104,        0x88f8,        0x41af,
0xdde9,     0xe2b6,        0xd91a,        0x6ffd,
0xaf9c,     0x3b0f,        0x0767,        0x18e9,
0x0a16,     0x695c,        0xb591,        0xea9b,
0x3864,     0x1d49,        0x8743,        0x35d9,
0xefac,     0xeefb,        0xda3b,        0x6427,
0xc15e,     0x451e,        0x0888,        0x0b1a,
0x1c00,     0x736b,        0xb980,        0xdccc,
0x4a4e,     0x24e1,        0x8b32,        0x266a,
0x014a,     0xf694,        0xe0df,        0x54b7,
0xd2fd,     0x4a0f,        0x0f2c,        0xfa6d,
0x2ce2,     0x785c,        0xc2ae,        0xcc1f,
0x5b30,     0x270b,        0x9461,        0x14ea,
0x1104,     0xf8bd,        0xec5d,        0x4337,
0xe2b6,     0x4963,        0x1aaa,        0xe88a,
0x3b0f,     0x77b1,        0xd032,        0xba3c,
0x695c,     0x238f,        0xa1e5,        0x0316,
```

```
0x1d49,     0xf541,     0xfb90,     0x3164,
0xeefb,     0x432d,     0x29de,     0xd738,
0x451e,     0x717a,     0xe0b4,     0xa8eb,
0x736b,     0x1ac6,     0xb266,     0xf2b6,
0x24e1,     0xec78,     0x0cf6,     0x2103,
0xf694,     0x380a,     0x3b44,     0xc831,
0x4a0f,     0x6657,     0xf28f,     0x99e4,
0x785c,     0x0d90,     0xc441,     0xe569,
0x270b,     0xdf42,     0x1ed4,     0x13b6,
0xf8bd,     0x2915,     0x4d21,     0xbcf4,
0x4963,     0x5763,     0x03fc,     0x8ea6,
0x77b1,     0xfd3d,     0xd5af,     0xdc83,
0x238f,     0xceef,     0x2f62,     0x0ad0,
0xf541,     0x17cc,     0x5daf,     0xb69e,
0x432d,     0x461a,     0x1341,     0x8851,
0x717a,     0xeb6c,     0xe4f3,     0xd8e6,
0x1ac6,     0xbd1f,     0x3cfb,     0x0734,
0xec78,     0x8c55,     0xee96,     0x2c8d,
0x380a,     0xe269,     0x1ce3,     0xe385,
0x6657,     0x10b6,     0xd2ae,     0xb537,
0x0d90,     0xc496,     0xa461,     0x0fd7      };
0xdf42,     0x9648,     0xfe3f,
Short outdata[200];
short a[16]= {0x7FC, 0x7FD, 0x7FE, 0x7FF,
              0x800, 0x801, 0x802, 0x803,
              0x803, 0x802, 0x801, 0x800,
              0x7FF, 0x7FE, 0x7FD, 0x7FC};
void fir_gen(short x[], short h[], short r[], int nh, int nr)
{
  int i, j, sum;

  for (j= 0; j < nr; j++) {
    sum= 0;
    for (i= 0; i < nh; i++)
              sum += x[j-i]*h[i];
  r[j]= sum >> 15;
       }
  return;
```

```
}
void main()
{
    int  i,j;

   fir_gen(x+16,a,outdata,16,200);
   asm("\tnop");
   asm("\tnop");
   asm("\tnop");
   asm("\tnop");
   asm("\tnop");
   return;
}
```

实验 22 基于 CCS 的快速傅立叶变换

```
#include <stdlib.h>
#include <stdio.h>
#include <math.h>
short fftdata[2048];
short fftdatan[2048];
short sine[]= {
0,201,402,603,
804,1005,1205,1407,
1607,1808,2009,2210,
2410,2611,2811,3011,
3211,3411,3611,3811,
4011,4210,4409,4609,
4808,5006,5205,5403,
5602,5800,5997,6195,
6392,6589,6786,6983,
7179,7375,7571,7766,
7961,8156,8351,8545,
8739,8933,9126,9319,
9512,9704,9896,10087,
10278,10469,10659,10849,
11039,11228,11416,11605,
11793,11980,12167,12353,
12539,12725,12910,13094,
30852,30919,30985,31050,
31114,31176,31237,31298,
31357,31414,31471,31526,
31581,31634,31685,31736,
31785,31834,31881,31927,
31971,32015,32057,32098,
32138,32176,32214,32250,
32285,32319,32351,32383,
32413,32442,32469,32496,
32521,32545,32568,32589,
32610,32629,32647,32663,
32679,32693,32706,32718,
32728,32737,32745,32752,
32758,32762,32765,32767,
32767,32767,32765,32762,
32758,32752,32745,32737,
32728,32718,32706,32693,
```

13278,13462,13645,13828,
14010,14191,14372,14552,
14732,14912,15090,15269,
15446,15623,15800,15976,
16151,16325,16499,16673,
16846,17018,17189,17360,
17530,17700,17869,18037,
18204,18371,18537,18703,
18868,19032,19195,19358,
19519,19681,19841,20001,
20159,20318,20475,20631,
20787,20942,21097,21250,
21403,21555,21706,21856,
22005,22154,22301,22448,
22594,22740,22884,23027,
23170,23312,23453,23593,
23732,23870,24007,24144,
24279,24414,24547,24680,
24812,24943,25073,25201,
25330,25457,25583,25708,
25832,25955,26077,26199,
26319,26438,26557,26674,
26790,26905,27020,27133,
27245,27356,27466,27576,
27684,27791,27897,28002,
28016,28208,28310,28411,
28511,28609,28707,28803,
28898,28993,29086,29178,
29269,29359,29447,29535,
29621,29707,29791,29874,
29956,30037,30117,30196,
30273,30350,30425,30499,
30572,30644,30714,30784,
20787,20631,20475,20318,
20159,20001,19841,19681,
19519,19358,19195,19032,
18868,18703,18537,18371,
18204,18037,17869,17700,
32679,32663,32647,32629,
32610,32589,32568,32545,
32521,32496,32469,32442,
32413,32383,32351,32319,
32285,32250,32214,32176,
32138,32098,32057,32015,
31971,31927,31881,31834,
31785,31736,31685,31634,
31581,31526,31471,31414,
31357,31298,31237,31176,
31114,31050,30985,30919,
30852,30784,30714,30644,
30572,30499,30425,30350,
30273,30196,30117,30037,
29956,29874,29791,29707,
29621,29535,29447,29359,
29269,29178,29086,28993,
28898,28803,28707,28609,
28511,28411,28310,28208,
28106,28002,27897,27791,
27684,27576,27466,27356,
27245,27133,27020,26905,
26790,26674,26557,26438,
26319,26199,26077,25955,
25832,25708,25583,25457,
25330,25201,25073,24943,
24812,24680,24547,24414,
24279,24144,24007,23870,
23732,23593,23453,23312,
23170,23027,22884,22740,
22594,22448,22301,22154,
22005,21856,21706,21555,
21403,21250,21097,20942,
11039,10849,10659,10469,
10278,10087,9896,9704,
9512,9319,9126,8933,
8739,8545,8351,8156,
7961,7766,7571,7375,

```
17530,17360,17189,17018,
16846,16673,16499,16325,
16151,15976,15800,15623,
15446,15269,15090,14912,
14732,14552,14372,14191,
14010,13828,13645,13462,
13278,13094,12910,12725,
12539,12353,12167,11980,
11793,11605,11416,11228,
short cosine[]= {
32767,32767,32765,32762,
32758,32752,32745,32737,
32728,32718,32706,32693,
32679,32663,32647,32629,
32610,32589,32568,32545,
32521,32496,32469,32442,
32413,32383,32351,32319,
32285,32250,32214,32176,
30273,30196,30117,30037,
29956,29874,29791,29707,
29621,29535,29447,29359,
29269,29178,29086,28993,
28898,28803,28707,28609,
28511,28441,28310,28208,
28106,28002,27897,27791,
27684,27576,27466,27356,
27245,27133,27020,26905,
26790,26674,26557,26438,
26319,26199,26077,25955,
25832,25708,25583,25457,
25330,25201,25073,24943,
24812,24680,24547,24414,
24279,24144,24007,23870,
23732,23593,23453,23312,
23170,23027,22884,22740,
22594,22448,22301,22154,
22005,21856,21706,21555,
21403,21250,21097,20942,
7179,6983,6786,6589,
6392,6195,5997,5800,
5602,5403,5205,5006,
4808,4609,4409,4210,
4011,3811,3611,3411,
3211,3011,2811,2611,
2410,2210,2009,1808,
1607,1407,1205,1005,
804,603,402,201     };

32138,32098,32057,32015,
31971,31927,31881,31834,
31785,31736,31685,31634,
31581,31526,31471,31414,
31357,31298,31237,31176,
31114,31050,30985,30919,
30852,30784,30714,30644,
30572,30499,30425,30350,
-804 ,-1005,-1205,-1407,
-1607,-1808,-2009,-2210,
-2410,-2611,-2811,-3011,
-3211,-3411,-3611,-3811,
-4011,-4210,-4409,-4609,
-4808,-5006,-5205,-5403,
-5602,-5800,-5997,-6195,
-6392,-6589,-6786,-6983,
-7179,-7375,-7571,-7766,
-7961,-8156,-8351,-8545,
-8739,-8933,-9126,-9319,
-9512,-9704,-9896,-10087,
-10278,-10469,-10659,-10849,
-11039,-11228,-11416,-11605,
-11793,-11980,-12167,-12353,
-12539,-12725,-12910,-13094,
-13278,-13462,-13645,-13828,
-14010,-14191,-14372,-14552,
-14732,-14912,-15090,-15269,
-15446,-15623,-15800,-15976,
```

20787,20631,20475,20318,
20159,20001,19841,19681,
19519,19358,19195,19032,
18868,18703,18537,18371,
18204,18037,17869,17700,
17530,17360,17189,17018,
16846,16673,16499,16325,
16151,15976,15800,15623,
15446,15269,15090,14912,
14732,14552,14372,14191,
14010,13828,13645,13462,
13278,13094,12910,12725,
12539,12353,12167,11980,
11793,11605,11416,11228,
11039,10849,10659,10469,
10278,10087,9896,9704,
9512,9319,9126,8933,
8739,8545,8351,8156,
7961,7766,7571,7375,
7179,6983,6786,6589,
6392,6195,5997,5800,
5602,5403,5205,5006,
4808,4609,4409,4210,
4011,3811,3611,3411,
3211,3011,2811,2611,
2410,2210,2009,1808,
1607,1407,1205,1005,
804,603,402,201,
0,—201,—402,—603,
—30852,—30919,—30985,—31050,
—31114,—31176,—31237,—31298,
—31357,—31414,—31471,—31526,
—31581,—31634,—31685,—31736,
—31785,—31834,—31881,—31927,
—31971,—32015,—32057,—32098,
—32138,—32176,—32214,—32250,
—32285,—32319,—32351,—32383,
—32413,—32442,—32469,—32496,

—16151,—16325,—16499,—16673,
—16846,—17018,—17189,—17360,
—17530,—17700,—17869,—18037,
—18204,—18371,—18537,—18703,
—18868,—19032,—19195,—19358,
—19519,—19681,—19841,—20001,
—20159,—20318,—20475,—20631,
—20787,—20942,—21097,—21250,
—21403,—21555,—21706,—21856,
—22005,—22154,—22301,—22448,
—22594,—22740,—22884,—23027,
—23170,—23312,—23453,—23593,
—23732,—23870,—24007,—24144,
—24279,—24414,—24547,—24680,
—24812,—24943,—25073,—25201,
—25330,—25457,—25583,—25708,
—25832,—25955,—26077,—26199,
—26319,—26438,—26557,—26674,
—26790,—26905,—27020,—27133,
—27245,—27356,—27466,—27576,
—27684,—27791,—27897,—28002,
—28106,—28208,—28310,—28411,
—28511,—28609,—28707,—28803,
—28898,—28993,—29086,—29178,
—29269,—29359,—29447,—29535,
—29621,—29707,—29791,—29874,
—29956,—30037,—30117,—30196,
—30273,—30350,—30425,—30499,
—30572,—30644,—30714,—30784,

```
-32521,-32545,-32568,-32589,
-32610,-32629,-32647,-32663,
-32679,-32693,-32706,-32718,
-32728,-32737,-32745,-32752,      }
//////////////////////////////////////////
// Function name : BitReverse
// Description : 二进制倒序操作
// Return type : int
// Argument : int src 待倒读的数
// Argument : int size 二进制位数
int BitReverse(int src, int size)
{
int i;
int tmp= src;
int des= 0;
for (i=size-1;i>=0;i--)
{
des= ((tmp & 0x1) << i) | des;
tmp= tmp >>1;
}
return des;
}
//////////////////////////////////////////////////
// Function name : Reorder
// Description : 数据二进制整序
// Return type : void
// Argument :  x[MAX_N]Comp 待整序数组
// Argument : int N FFT 点数
// Argument : int M 点数的 2 的幂次
void Reorder(short x[], int N, int M)
{
int i,j;
for (i=0; i<N*2; i+=2)
{
j= BitReverse(i>>1, M)<<1;
fftdatan[i]= x[j];
fftdatan[i+1]= x[j+1];
}
```

```
// 重新存入原数据中(已经是二进制整序过了的数据)
for (i=0; i<N *2; i++)
x[i]= fftdatan[i];
}

void radix2(short n, short xy[], short cos[],short sin[])
{
short n1,n2,ie,ia,i,j,k,l;
short xt,yt,c,s;

n2=n;
ie=1;
        for (k=n; k > 1; k= (k >> 1)) {
          n1= n2;
            n2= n2>>1;
            ia= 0;
            for (j=0; j < n2; j++) {
              c= -cos[ia];
              s= -sin[ia];
              ia= ia+ie;
              for (i=j; i < n; i += n1) {
                l= i+n2;
                xt= xy[2 *l]- xy[2 *i]>>1;
                xy[2 *i]= xy[2 *i]+ xy[2 *l]>>1;
                yt= xy[2 *l+1]- xy[2 *i+1]>>1;
                xy[2 *i+1]= xy[2 *i+1]+ xy[2 *l+1]>>1;
                xy[2 *l]= (short)((c *xt+s *yt)>>15);
                xy[2 *l+1]= (short)((c *yt - s *xt)>>15);

              }
            }
            ie= ie<<1;
          }
  return;
}
void main()
{
     int i, j;
```

```
    int  n= 1024;
//    short  w[10]={-32767,0,-23170,-23170,0,-32767,23170,-23170,
32767,0};
    for(i=0;i<2048;i++)
      fftdata[i]= 0;
    for(i=0;i<4;i++)
      fftdata[i*2]= 0x4000;
      radix2(n,fftdata,cosine,sine);
    Reorder(fftdata, n, 10);
    asm("\tnop");
    asm("\tnop");
    asm("\tnop");
    asm("\tnop");
    asm("\tnop");
  return;
}
```

实验 23　基于 CCS 的中值滤波算法

```
#include <stdio.h>
#pragma DATA_SECTION(newbuf,"H263VCBUF");
unsigned char newbuf[512*512];
#pragma DATA_SECTION(tempbuf,"H263VCBUF");
unsigned char tempbuf[512*512];
#define PCR1   *(volatile unsigned int  *)0x01900024
#define DLP_Q0064 0x80100004
volatile unsigned int *ptr= (unsigned int *)0x80100004;
void initEMIF(void)
{
   #define EMIF_GCTL          0x01800000
   #define EMIF_CE1           0x01800004
   #define EMIF_CE0           0x01800008
   #define EMIF_CE2           0x01800010
   #define EMIF_CE3           0x01800014
   #define EMIF_SDRAMCTL      0x01800018
   #define EMIF_SDRAMTIMING   0x0180001C
   #define EMIF_SDRAMEXT      0x01800020

*(int *)EMIF_GCTL= 0x00003040;/*EMIF global control register*/
```

```
*(int *)EMIF_CE1= 0xffffff23; /*CE1 - 32-bit asynch access after boot */
*(int *)EMIF_CE0= 0xFFFFFF30; /*CE0 - SDRAM */
*(int *)EMIF_CE2=0x21200420;/*CE2-32-bit asynch on daughterboard */
*(int *)EMIF_CE3=0xffffff23;/*CE3-32-bit asynch on daughterboard */
*(int *)EMIF_SDRAMCTL= 0x57116000; /*SDRAM control register (100 MHz)*/
*(int *)EMIF_SDRAMTIMING= 0x00000410; /*SDRAM Timing register */
}
void main()
{
unsigned int i;
initEMIF();
for(i=0;i<512 *512;i++)
{
((unsigned char *)tempbuf)[i]= 0x80;
((unsigned char *)newbuf)[i]= 0x00;
}
MedianFiler((unsigned char *)ptr,512,512,(unsigned char *)newbuf);
asm("\tnop");
asm("\tnop");
asm("\tnop");
asm("\tnop");
asm("\tnop");
while(1);
}
/**********************************
**函数名:MedianFilerOnePoint
**输 入:InImagebuf, Row, Col, Length
**InImagebuf——输入待中值率波的显示区指针。
**Row——行偏移。
**Col——列偏移。
**Length——显示区的行长度。
**输 出:OutImagebuf
**OutImagebuf——输出中值率波后的显示区指针。
**函数返回值:无。
**功能描述:单点的中值率波程序,取周围 8 点灰度和的平均决定中点灰度。
**全局变量:无。
**调用模块:无。
**作者:吴定明
```

```
**日期:2003－11－7
**版本:v1.0
**********************************/
void MedianFilerOnePoint(InImagebuf, OutImagebuf, Row, Col, Length)
unsigned char *InImagebuf;
unsigned char *OutImagebuf;
unsigned int  Row;
unsigned int  Col;
unsigned int  Length;
{
  unsigned int i= Col － 1;
  unsigned int j= (Row － 1) *Length;
  unsigned char k;
  unsigned char temp[9];
  temp[0]= (unsigned int)InImagebuf[i+j];
  temp[1]= (unsigned int)InImagebuf[i+j+1];
  temp[2]= (unsigned int)InImagebuf[i+j+2];
  j += Length;
  temp[3]= (unsigned int)InImagebuf[i+j];
  temp[4]= (unsigned int)InImagebuf[i+j+1];
  temp[5]= (unsigned int)InImagebuf[i+j+2];
  j += Length;
  temp[6]= (unsigned int)InImagebuf[i+j];
  temp[7]= (unsigned int)InImagebuf[i+j+1];
  temp[8]= (unsigned int)InImagebuf[i+j+2];
  for(i= 0;i<8;i++)
  {
  for(j=i+1;j<9;j++)
  {
  if(temp[i]>temp[j])
  {
   k= temp[i];
   temp[i]= temp[j];
   temp[j]= k;
  }
  }
  }
  OutImagebuf[Length *Row+Col]= temp[4];
```

```
  return;
}
/*********************************
**函数名:MedianFiler
**输 入:InImagebuf, Height, Width
**InImagebuf——输入待中值率波的显示区指针。
**Height——显示区的行长度。
**Width——显示区的列长度。
**输出:OutImagebuf
**OutImagebuf——输出中值率波后的显示区指针。
**函数返回值:无。
**功能描述:整幅图进行中值率波程序。取周围8点灰度和的平均决定中点灰度。
**全局变量:无。
**调用模块:MedianFilerOnePoint。
**作者:吴定明
**日期:2003-11-7
**版 本:v1.0
*********************************/
void MedianFiler(InImagebuf, Height, Width, OutImagebuf)
unsigned char *InImagebuf;
volatile unsigned int  Height;
unsigned int  Width;
unsigned char *OutImagebuf;
{
  unsigned int i;
  unsigned int j;
  for(j= 1; j < Height - 1; j++)
  {
  for(i= 1; i < Width - 1; i++)
  {
  MedianFilerOnePoint(InImagebuf, OutImagebuf, j, i, Width);
  }
  }
  return;
}
```

实验 24　基于 CCS 的灰度窗口变换

```
#include <stdio.h>
```

```
#pragma DATA_SECTION(newbuf,"H263VCBUF");
unsigned char newbuf[512*512];
#pragma DATA_SECTION(tempbuf,"H263VCBUF");
unsigned char tempbuf[512*512];
#define PCR1   *(volatile unsigned int  *)0x01900024
#define DLP_Q0064 0x80100004
volatile unsigned int *ptr= (unsigned int *)0x80100004;
void initEMIF(void)
{
#define EMIF_GCTL          0x01800000
#define EMIF_CE1           0x01800004
#define EMIF_CE0           0x01800008
#define EMIF_CE2           0x01800010
#define EMIF_CE3           0x01800014
#define EMIF_SDRAMCTL      0x01800018
#define EMIF_SDRAMTIMING   0x0180001C
#define EMIF_SDRAMEXT      0x01800020
*(int *)EMIF_GCTL= 0x00003040;/*EMIF global control register */
*(int *)EMIF_CE1= 0xffffff23; /*CE1 - 32-bit asynch access after boot */
*(int *)EMIF_CE0= 0xFFFFFF30; /*CE0 - SDRAM */
*(int *)EMIF_CE2=0x21200420;/*CE2-32-bit asynch on daughterboard */
*(int *)EMIF_CE3= 0xffffff23; /*CE3 - 32-bit asynch on daughterboard */
*(int *)EMIF_SDRAMCTL= 0x57116000; /*SDRAM control register (100 MHz)
*/
*(int *)EMIF_SDRAMTIMING= 0x00000410; /*SDRAM Timing register */
}
void main()
{
unsigned int i;
initEMIF();  /*init cpu */
for(i=0;i<512*512;i++)  /*init Data */
{
((unsigned char *)tempbuf)[i]= 0x80;
((unsigned char *)newbuf)[i]= 0x00;
}
GradationWindow((unsigned char *)ptr,512,512,(unsigned char *)newbuf,240,
32);
asm("\tnop");
```

```
asm("\tnop");
asm("\tnop");
asm("\tnop");
asm("\tnop");
}
/**********************************
**函数名:GradationWindow
**GradationWindowRGB
**RGradationWindowYUV
**输入:InImagebuf , Height, Width
**InImagebuf——输入图像处理前显示区指针。
**Height——显示区的行长度。
**Width——显示区的列长度。
**HighThreshold——高位灰度阈值。
**LowThreshold——低位灰度阈值。
**输 出:OutImagebuf
**OutImagebuf——输出图像处理后显示区指针。
**功能描述:灰度窗口变换。
**全局变量:无。
**调用模块:无。
**作者:吴定明
**日期:2003-11-7
**版本:v1.0
**********************************/
void GradationWindow(InImagebuf, Height, Width, OutImagebuf, HighThresh-
old, LowThreshold)
unsigned char *InImagebuf;
unsigned char *OutImagebuf;
unsigned int   Height;
unsigned int   Width;
unsigned char   HighThreshold;
unsigned char   LowThreshold;
{
  unsigned int j;
  unsigned char i;
  for(j= 0; j < Height *Width; j++)
  {
```

```
        i= *InImagebuf++;
        if(i >= HighThreshold)
        {
        *OutImagebuf++= 255;
        }
        else if(i <= LowThreshold)
        {
        *OutImagebuf++= 0;
        }
        else
        {
        *OutImagebuf++= i;
        }
        }
        return;
    }
    void GradationWindowRGB(InImagebuf, Height, Width, OutImagebuf, HighThreshold,LowThreshold)
    unsigned char *InImagebuf;
    unsigned int *OutImagebuf;
    unsigned int  Height;
    unsigned int  Width;
    unsigned char  HighThreshold;
    unsigned char  LowThreshold;
    {
        unsigned int j;
        unsigned char i;
        for(j= 0; j < Height *Width; j++)
        {

        i= *InImagebuf++;
        if(i >= HighThreshold)
        {
        *OutImagebuf++= 255;
        }
        else if(i <= LowThreshold)
        {
        *OutImagebuf++= 0;
```

```
        }
        else
        {
        *OutImagebuf++= i;
        }
        }
        return;
    }
    void GradationWindowYUV(InImagebuf, Height, Width, OutImagebuf, HighThreshold,LowThreshold)
    unsigned char *InImagebuf;
    unsigned char *OutImagebuf;
    unsigned int  Height;
    unsigned int  Width;
    unsigned char  HighThreshold;
    unsigned char  LowThreshold;
    {
        unsigned int j;
        unsigned char i;
        for(j= 0; j < Height *Width; j++)
        {

        i= *InImagebuf++;
        if(i >= HighThreshold)
        {
        *OutImagebuf++= 255;
        }
        else if(i <= LowThreshold)
        {
        *OutImagebuf++=0;
        }
        else
        {
        *OutImagebuf++=i;
        }
        }
        return;
    }
```

参考文献

[1]郑君里，应启珩，杨为理. 信号与系统(第2版). 北京：高等教育出版社，2000.

[2]A. V. Oppenheim, A. S. Willsky. Signals and Systems (2nd Edition), Prentice-Hall Inc., 1997.

[3]MIT OpenCourseWare, Signals and Systems, http://ocw.mit.edu, 2010.

[4]Harvard SEAS, ES156—Signals and Systems, http://www.courses.fas.harvard.edu/6284, Spring 2006-07.

[5]管致中，夏恭恪，孟桥. 信号与线性系统(第4版). 北京：高等教育出版社，2005.

[6]吴大正，杨林耀，张永瑞. 信号与线性系统分析(第3版). 北京：高等教育出版社，1998.

[7]陈后金，胡键，薛键. 信号与系统(第2版)，北京：清华大学出版社，北京交通大学出版社，2005.

[8]A. V. 奥本海姆等著，刘树堂译. 信号与系统. 西安：西安交通大学出版社，1985.

[9]杨林耀，张永瑞，信号与系统. 北京：中国人民大学出版社，2000.

[10]孙国霞，郭予瑾，高俊，刘孝贤. 信号与线性系统分析. 山东大学出版社，2007.

[11]孙国霞. 信号与系统. 北京：机械工业出版社，2013.

[12]王文渊. 信号与系统. 北京：清华大学出版社，2008.

[13]Edward. W. Kamen, Bonnie. S. Heck. Fundamentals of Signals and Systems Using MATLAB. Pearson Education, Inc. 2002.

[14]Charles L. Philips, John N. Parr, Eve A. Riskin, Signals, Systems, and Transforms (3rd Edition), Pearson Education Asia Ltd. 2003.

[15]Simon Haykin, Barry Van Veen. Signals and Systems (Second Edition), John Wiley & Sons, Inc. 2003.

[16]梁虹，梁洁，陈耀斌等. 信号与系统分析及MATLAB实现. 北京：电子工业出版社，2002

[17]吴新余，周井泉，沈元隆. 信号与系统——时域、频域分析及MATLAB软件的应用，北京：电子工业出版社，1999.

[18]程佩青. 数字信号处理教程(第 2 版). 北京:清华大学出版社,2001.

[19]应启珩等. 离散时间信号分析与处理. 北京:清华大学出版社,2000.

[20]杨西侠, 柯金. 信号分析与处理, 北京:机械工业出版社,2007.

[21]高西全,丁玉美.数字信号处理(第 2 版)学习指导. 西安:西安电子科技大学出版社, 2001.

[22]胡广书.数字信号处理——理论、算法与实现(第 2 版).北京:清华大学出版社,2003.

[23]张贤达.现代信号处理(第 2 版). 北京:清华大学出版社,2002.

[24]张建平,戴咏夏. CCS 在数字信号处理实验教学中的探究.高等理科教育, 2009(1).

[25] TMS320C6000 EMIF Overview of Support of High Performance Memory Technology,Texas Instruments Incorporated,1999.

[26] TMS320C621xC671x EDMA Queue Management Guidelines Texas Instruments Incorporated,1999.

[27]李全利,刘长亮. CCS 上 FFT 运算的实现.自动化技术与应用,2009,28(2).

[28]刘成云,陈振学,孔慧.基于 CCS 的“信号分析与处理”实验教学、实验室研究与探索.2010,29(11).

[29]汤永华,李晓游,孙洪林. DSP 与数字图像处理联合实验改革与思考.实验室科学, 2007(6).

图书在版编目(CIP)数据

信号与系统实验教程/孙国霞,刘成云主编.
—济南:山东大学出版社,2015.2
高等学校电工电子基础实验系列教材/马传峰,王洪君总主编
ISBN 978-7-5607-5258-7

Ⅰ.信 Ⅱ.①孙… ②刘… Ⅲ.①信号系统—实验—高等学校—教材
Ⅳ.①TN911.6-33

中国版本图书馆 CIP 数据核字(2015)第 062623 号

责任策划:刘旭东
责任编辑:刘旭东
封面设计:张 荔

出版发行:山东大学出版社
社 址:山东省济南市山大南路 20 号
邮 编:250100
电 话:市场部(0531)88364466
经 销:山东省新华书店
印 刷:泰安金彩印务有限公司
规 格:787 毫米×1092 毫米 1/16
12.25 印张 282 千字
版 次:2015 年 4 月第 1 版
印 次:2015 年 4 月第 1 次印刷
定 价:22.00 元
